ANDREAS DAVID

Fährten- und Spurenkunde

KOSMOS

☞ *Inhalt*

FÜR DEN JAGDPRAKTIKER

Haben Sie schon einmal einen firmen Jagdhund beim Spaziergang im Jagdrevier beobachtet? Fortwährend holt er sich Wind, nimmt diese oder jene Fährte oder Spur an, orientiert sich ständig neu, umschlägt, holt sich wieder Wind und so weiter. Kurz gesagt: Er ergründet, wer oder was sich in überschaubarer Zeit vorher im Revier bewegt hat, was sich vielleicht noch in unmittelbarer Umgebung aufhält, oder wer vielleicht schon vor ein oder zwei Tagen nur „kurz zu Besuch" war.
Nun fehlt uns sicher das erstaunliche olfaktorische Vermögen unserer Hunde. Und doch können wir es ihnen bis zu einem gewissen Maße gleich tun. Allerdings sind wir dabei fast ausschließlich auf unsere Augen angewiesen, auf das, was wir sehen. Denn selbst nur wenige Meter entfernte Wildtiere zu „erriechen", gelingt uns so gut wie nie – von Ausnahmen bei Fuchs, Rotwild und Schwarzwild einmal abgesehen. Doch das, was wir ohne direkten Anblick optisch auf- und wahrnehmen können, reicht oft schon aus, ein ungefähres Bild von dem Geschehen im Revier zu bekommen. Ein ständig waches Auge und ein tiefes Interesse an den Abläufen in Natur und Umwelt, am Leben unserer Wildtiere sind die Grundvoraussetzungen. Alles weitere basiert auf Erfahrungen, gepaart mit jagdlicher Passion und einigen Grundkenntnissen.
Letztere möchten Ihnen, liebe Leserinnen und Leser, die folgenden Seiten vermitteln – wohlgemerkt ohne Anspruch auf Vollständigkeit. Die nämlich hätte angesichts der von Bundesland zu Bundesland momentan noch unterschiedlich weit aufgestockten 25 Haar- und etwa 75 Federwildarten (§ 2 BJagdG, Abs. 1) jeden Rahmen gesprengt. Nein – hier geht es um das, was den Jagdpraktiker interessiert und was ihm hilft. Es geht um die tatsächlich relevanten Wildarten, ergänzt durch wenige ähnliche oder ander-

weitig wichtige Trittsiegel von Wildtieren, die nicht dem Jagdrecht unterliegen. Weiterhin werden auch die aktuelle Verbreitung, die erzielten Jagdstrecken und die Populationsdynamik zahlreicher Wild- und Wildtierarten dargestellt und analysiert. Kein Buch der Welt aber kann die Erfahrungen und Eindrücke ersetzen, die uns Natur und Umwelt vermitteln. Fährten, Spuren und Geläufe stehen nicht vorm Kamin, nicht auf dem Wohnzimmer- oder Schreibtisch – sie stehen im Revier! Also, raus geht's ...

Andreas David

ZUR FÄHRTE

Die Überschrift dieses Kapitels ist eigentlich nicht vollständig, denn bekanntlich hinterlassen nur die Hochwildarten eine Fährte. Natürlich geben uns auch sämtliche Niederwildarten unter anderem mit ihrer Spur oder ihrem Geläuf Hinweise auf ihre Anwesenheit und Ortswechsel. Die Überschrift – der Zuruf des Nachsuchenführers an seinen Hund – soll aber an dieser Stelle auch den Leser dieses Buches symbolisch „auf den richtigen Weg" bringen. Wie entsteht ein Fährtenbild, wie eine Spur oder ein Geläuf? Bei den Haarwildarten gilt es zunächst zwischen den so genannten Zehengängern (digitigrade Tiere) und den ursprünglichen Sohlengängern (plantigrade Tiere) zu unterscheiden. Die Vertreter der ersten Gruppe berühren beim Gehen oder Laufen nur mit den horn- oder hautbedeckten Zehen beziehungsweise Zehenspitzen den Boden. Hierzu gehören alle Schalenwildarten sowie zum Beispiel die schnellen Läufer unter den Raubtieren. Das Schalenwild tritt gar nur noch mit den dritten und vierten Zehen- beziehungsweise Fingerstrahlen auf, im übertragenen Sinne – bei den Vorderläufen – also mit dem Mittel- und Ringfinger. Beide sind von den Schalen umschlossen, die gemeinsam mit den Zehenballen und eventuell dem Geäfter – den Schalen der reduzierten zweiten und fünften Zehen beziehungsweise Finger – die artspezifische Fährte hinterlassen.

Die zweite Gruppe umfasst jene Arten, die mit der ganzen Sohle auftreten. Hierzu zählen beispielsweise die Bären und der Dachs. Die Sohlengänger haben im Verhältnis zum Körper meist kurze Läufe und sind relativ langsam. Egal ob Zehen- o-der Sohlengänger, kommen bei zahlreichen Haarwildarten mit Ausnahme des Schalenwilds die Abdrücke der Krallen, also der „Fuß- bzw. Fingernägel" hinzu. Die Geläufe des Federwildes geben die

Abdrücke der Zehen in unterschiedlicher Zahl wieder, die durch Schwimmhäute, wie zum Beispiel bei den Entenvögeln, miteinander verbunden sein können, sowie bei einigen Arten die Mittelfußknochen.

Zum Abfährten oder Abspüren durch den Jäger ist die Bodenbeschaffenheit von entscheidender Bedeutung. Beste Bedingungen finden wir auf feuchtem Sand, auf feuchten lehmigen Böden sowie in nicht zu tiefem, aber etwas nassem oder angetautem Schnee. In Pulverschnee oder trockenem Sand kommt es nur selten zu klaren Abdrücken. Die Ränder der Spur oder Fährte sowie des Geläufs sind dort abgerundet, der Tritt selbst ist nur allzu oft mit nachrutschendem Schnee oder Sand gefüllt.

Das einzelne Trittsiegel verrät uns über die Art hinaus, ob das Stück klein oder groß, jung oder alt, leicht oder schwer, und eventuell, ob es weiblichen oder männlichen Geschlechts ist. Die Gesamtheit der Abdrücke informiert uns weiterhin über die Form der Gangart und über eventuelle Verletzungen – zum Beispiel durch Nichtaufsetzen eines Laufs. In hoher Flucht oder bei hetzenden Raubtieren greifen die Trittsiegel der Hinterläufe bei fast allen Haarwildarten neben oder vor die mittig gesetzten Abdrücke der Vorderläufe. Bei Federwildarten, die auf der Flucht ihr Heil zunächst auch laufend suchen, vor allem bei den Hühnervögeln, vergrößert sich dabei im Geläuf lediglich der Abstand des linken zum rechten Trittsiegel. Sternstunden bescheren uns im Winter die „Neue" (neuer Schnee auf altem) und in der übrigen Zeit ein heftiger Regenguss. Besonders beim Schalenwild, aber auch bei einigen Raubwildarten empfiehlt es sich, nach der Ansprache des Wildes die Trittsiegel im fährten- oder spurgerechten Untergrund mit der Schuhsohle zu verwischen, im Schnee tut ein Reiser gute Dienste. Wer es genauer wissen will, legt so genannte Spürbahnen im Revier an. In der wärmeren Jahreszeit empfiehlt sich zum Aufrauen und Glattziehen des Bodens eine Egge, im Schnee ist ein größerer Auto- oder Traktorreifen – mit Seil an der Hängerkupplung – das Mittel der Wahl.

SCHALENWILD

DIE GEWEIHTRÄGER

DAS ROTWILD

„Edelwild", „Edelhirsch", „König der Wälder" und zahlreiche andere Beinamen zieren das Rotwild (*Cervus elaphus* L.), die größte, noch halbwegs regelmäßig vorkommende heimische Schalenwildart bis heute, und zeugen von ihrer jahrhundertealten Wertschätzung durch die Jägerei. Kein Wunder also, dass das Rotwild auch im Bereich der Fährtenkunde die alles überragende Rolle spielte.
Besonders bei den Hirschen versuchte man möglichst viel Information über das einzelne Stück aus der Fährte und anderen Zeichen ziehen zu können. Manches davon hat sich bis heute in der jagdlichen Praxis bewährt. Andere Elemente sind schlichtweg überflüssig, und bei wieder anderen war offenbar der Wunsch der Vater des Gedankens.

LEGENDEN UND FÄHRTENSPRACHE

Einer dieser Wünsche findet sich in einem Jägerlehrbuch von Georg Ludwig Hartig aus dem Jahre 1811. Der Autor gibt dort eine Zeichnung und Tabelle wieder, in denen er der Breite des Trittsiegels von Vorder- und Hinterlauf sowie der Schrittlänge die Endenzahl des Hirsches zuordnete. Und bis vor etwa 15 Jahren meinten zahlreiche Jäger noch immer, sie könnten an der Form der Losung anhand der legendären „Näpfchen" und „Zäpfchen" unzweifelhaft das Geschlecht eines Stückes Rotwild ansprechen. Darüber hinaus entwickelte man eine eigene „Fährtensprache", die für einfachste Vorgänge und Tatsachen vielfach ebenso unverständliche wie überflüssige Begriffe fand. Keinesfalls

651 Brunftrufe des Rothirsches

möchte ich an dieser Stelle das Können und Wissen der alten hirschgerechten Jägerei infrage stellen. Doch wem nutzt es zu wissen, was zum Beispiel der „Burgstall“ oder das „Näschen“ ist? Der Jäger muss im Revier die Fährte erkennen und versuchen, den Trittsiegeln das Geschlecht und die ungefähre Stärke des Stückes zuzuordnen – nicht mehr und nicht weniger.
Der langen Rede kurzer Sinn: Von den ehemals 72 hirschgerechten und weiteren Zeichen bedarf es tatsächlich nur einiger weniger, gepaart mit einer guten Beobachtungsgabe und Jagdverstand, um die Informationen, die uns die „Hinterlassenschaften“ des Rotwilds tatsächlich geben, in der jagdlichen Praxis nutzbringend umzusetzen. Und nur um die soll es im Folgenden gehen.

TRITTSIEGEL UND FÄHRTE

Das einzelne *Trittsiegel* des Rotwilds besteht – wie bei sämtlichen Paarhufern – zunächst aus dem Abdruck der *Schalen*, die den Fährtenumriss markieren. An deren Ende befinden sich die *Ballen*. Hinzu kommt das meist nur in der Fluchtfährte sichtbar werdende *Geäfter*, die Schalen der reduzierten zweiten und fünften Zehen bzw. Finger. Diese drei Körperteile können, je nach Bodenbeschaffenheit, das Fährtenbild des Rotwilds prägen. Der abgedrückte Ballen macht etwa zwischen 25 und 30 Prozent der Gesamtlänge eines Trittsiegels aus. Beim Damwild, dessen Fährte schon allein der Größe wegen als einzige mit jener des Rotwilds verwechselt werden kann, liegt dieser Wert bei etwa 50 bis 60 Prozent.

Die Masse ruht vorn

Die Hauptlast des Körpers ruht auch beim Rotwild auf den Vorderläufen. Vor diesem Hintergrund sind die Schalen und Ballen der Vorderläufe und folglich ihre Abdrücke oder Trittsiegel stärker ausgebildet als jene der Hinterläufe, was für männliches und weibliches Rotwild gleichermaßen gilt. Wobei schon hier angemerkt werden muss, dass sich die Ballen in der Tierfährte nur selten vollständig abdrücken. Die Unterschiede in der Stärke zwischen Vorder- und Hinterlauf treten mit zunehmendem Alter und Wachstum immer deutlicher zu Tage.

Keine allgemeinen Regeln

Allgemeingültige Regeln, nach denen man anhand der Fährtenstärke auf das Gewicht oder gar das exakte Alter eines Stückes Rotwild schließen könnte, gibt es nicht beziehungsweise kann es nicht geben. Zu groß sind die Schwankungen dieser Werte zwischen verschiedenen Rotwildpopulationen. Doch auch innerhalb ein- und desselben Rotwildbestands werden teilweise beachtliche Unterschiede deutlich. Mit einiger Kenntnis über die jeweils regionalen Rotwildvorkommen fällt es aber leicht, zumindest die Kälberfährte sowie jene besonders starker Hirsche oder Alttiere zu erkennen.

HIRSCH ODER TIER?

Die Unterscheidung der Geschlechter ist selbst für den zunächst noch ungeübten Fährtenleser durch die Kombination von Form und Stärke des *Trittsiegels* sowie des *Schrankes* und der *Schrittlänge* (s. Abb. S. 13) relativ einfach.

Trittsiegel

Bei den Hirschen sind in aller Regel die beiden Schalen vorn im Fährten-

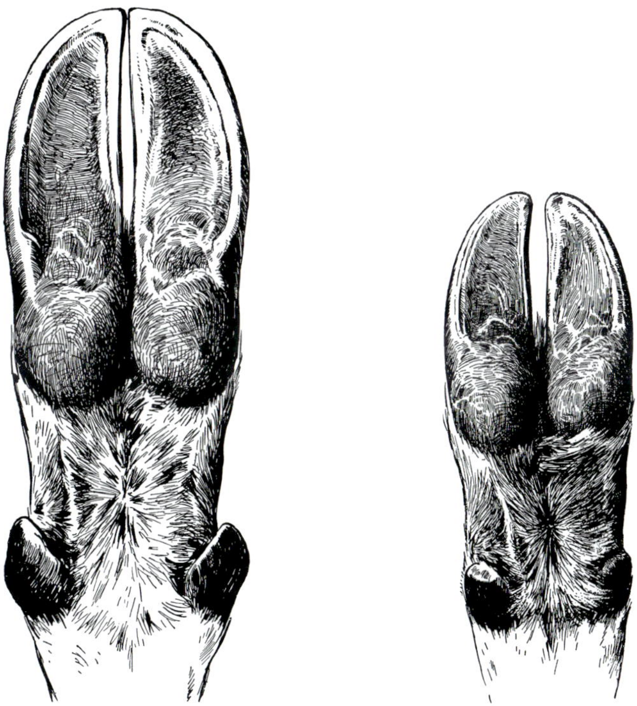

Schalensohle eines reifen Hirschs und eines Alttiers (Vorderlauf, ~ 50 % natürliche Größe)

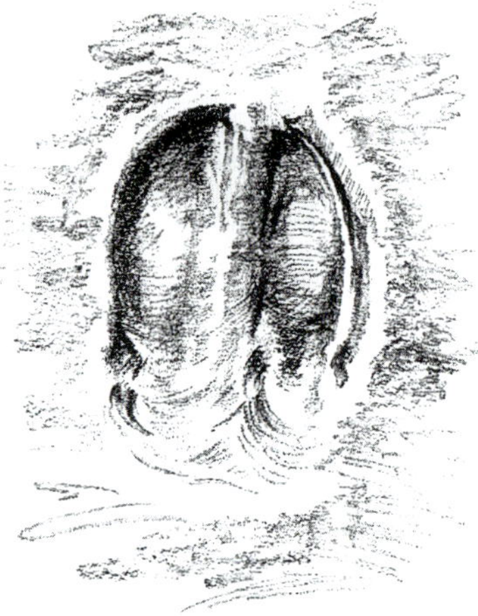

Trittsiegel eines Kalbs im Herbst (~ 50 % natürliche Größe)

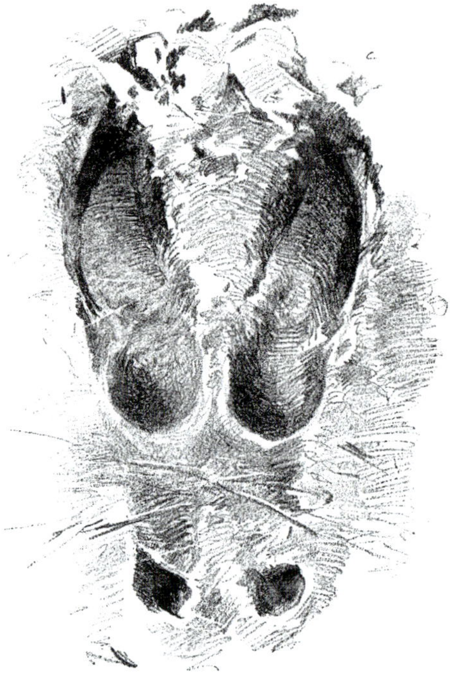

Trittsiegel des flüchtiges Hirschs (~50 % natürliche Größe)

Hirsch und Tier anhand des Trittsiegels zu unterscheiden, ist vergleichsweise leicht.

bild eng geschlossen (sofern sie nicht sogar aneinander stoßen) und hinterlassen ein stumpfes, rundes und in sich geschlossen wirkendes Trittsiegel. Die im Normalfall kleinere Fährte des Tieres wirkt dagegen spitzer. Die Schalen sind auch im ruhigen Ziehen etwas gespreizt, der Abstand zwischen ihnen ist meist offensichtlich.
Hinzu kommt die absolute Länge und Breite. Schon die Trittsiegel des Schmalspießers erreichen in den meisten Fällen die Größe jener eines Alttieres. Durch die individuell mitunter starken Abweichungen kann aber die Form und Stärke des Trittsiegels zur Geschlechtsansprache eventuell nicht ausreichen.

Schränkung oder Schrank

Betrachtet man aber ein komplettes Fährtenbild über einige Meter – was nur allzu oft leider kaum möglich ist – wird beim so genannten Schrank ein weiterer Unterschied deutlich. Unter dem Schrank versteht man die Abstände zwischen den Abdrücken der rechten und der linken Läufe. Da die Außenschalen stets etwas länger sind als die inneren Schalen, lassen sich die Abdrücke der rechten und linken Läufe gut voneinander unterscheiden. Legt man zwischen die Abdrücke eine gedachte Mittellinie, grenzen die Innenseiten der Tritte beim Schmaltier und beim Alttier fast an diese Linie an. Der Schrank ist also sehr gering. Beim Hirsch ist altersabhängig stets ein mehr oder minder deutlicher Abstand erkennbar, der sich normalerweise mit

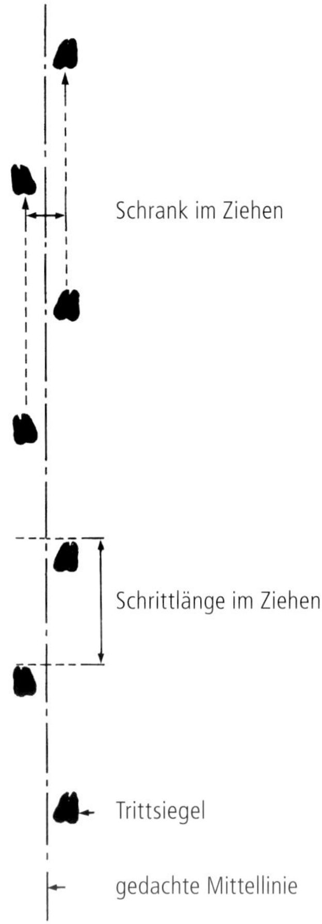

An der Fährte lassen sich „Schrittlänge“ bzw. „-weite“ und „Schrank“ („Schränkung“) ablesen.

zunehmendem Alter und Stärke weiter vergrößert. Selbst bei einem starken Hirschkalb kann der Schrank schon größer sein als bei einem hoch beschlagenen Alttier. Hinzu kommt, dass die Trittsiegel der Hirsche meist leicht nach außen gedreht erscheinen, von der gedachten Mittellinie also wegweisen, während die Schalenabdrücke des weiblichen Rotwilds eher parallel dazu stehen.

Schrittlänge oder -weite

Weiterhin von Bedeutung für die Geschlechtsansprache anhand der Fährtenbilder ist die Schrittlänge beziehungsweise Schrittweite (s. Abb. S. 13). Sie wird in ziehender Fortbewegung zwischen der Spitze des linken und der Spitze des rechten Fährtenabdruckes und umgekehrt ermittelt. Es ist nur logisch, dass große Tiere auch größere Schritte machen als kleinere Individuen einer Art. Auch ein zwei Meter großer Basketballer hat eine deutlich größere Schrittweite als ein 50 Zentimeter kleinerer Pferdejockey. Auch hier ist es aber aufgrund der großen Stärkeunterschiede zwischen den Rotwildvorkommen nicht möglich, allgemein gültige Maße zu nennen. Als Faustregel kann man sich merken, dass die Schrittweite mittelalter und alter Hirsche jene der Alttiere um durchschnittlich etwa 20 Prozent übertrifft.

DIE HIRSCHFÄHRTE

Trotz aller möglicher Überschneidungen und Verwechslungsmöglichkeiten mit der Fährte weiblichen Rotwilds erkennt ein geübter Jäger sehr schnell und sicher die Hirschfährte und vermag ihrem Verursacher bei entsprechender Erfahrung und Kenntnis des jeweiligen Rotwildbestands in den meisten Fällen auch zutreffend die Attribute „jung“, „mittelalt“ oder „alt“ zuzuordnen. Verschiedene Autoren messen einigen weiteren Fährtenzeichen bestimmte Anhaltspunkte zur ungefähren Altersansprache des jeweiligen Hirsches zu (s. Abb. S. 15 und 16 o.).

01 „Übereilen“: Der Tritt des Hinterlaufs steht vor dem des Vorderlaufs und überdeckt ihn zum Teil.

02 Das „Vierballenzeichen“ ist Folge eines schwachen „Übereilens“: Der hintere Lauf wird nur knapp vor den vorderen gesetzt.

03 „Blenden“: Der Hinterlauf wird fast exakt in den Tritt des Vorderlaufs gesetzt.

04 „Ereilen“: Der Hinterlauf bleibt etwas hinter dem vorderen und tritt nur auf dessen Ballenabdrücke. Steht er ganz hinter dem Vorderlauf, spricht man vom „Hinterlassen“.

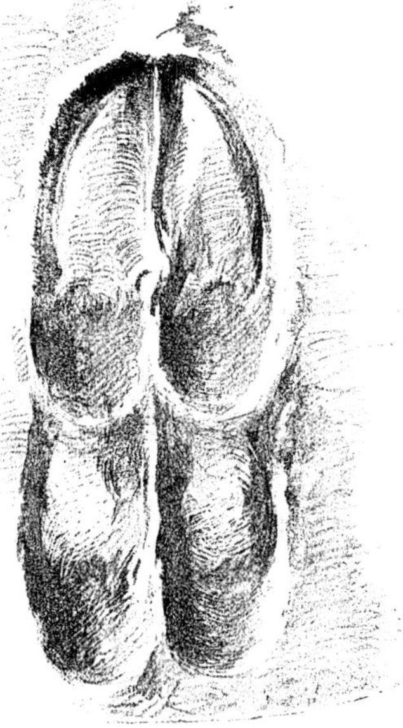

01

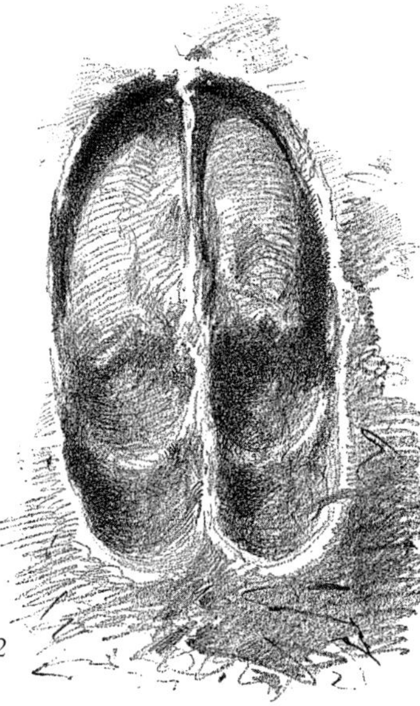

02

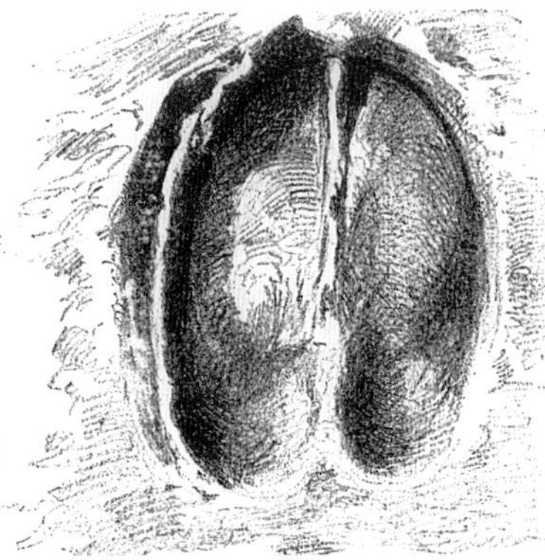

03

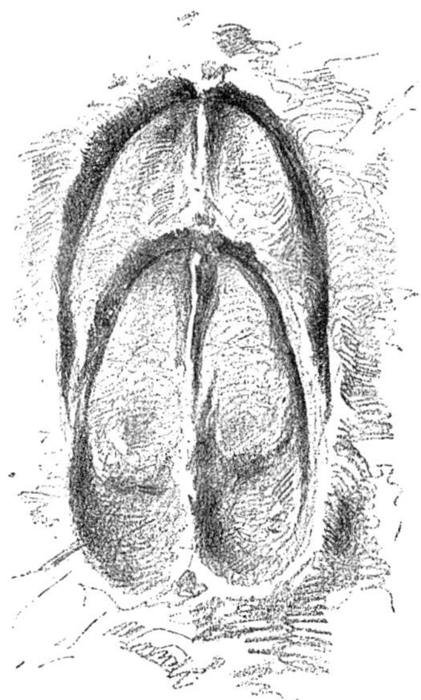

04

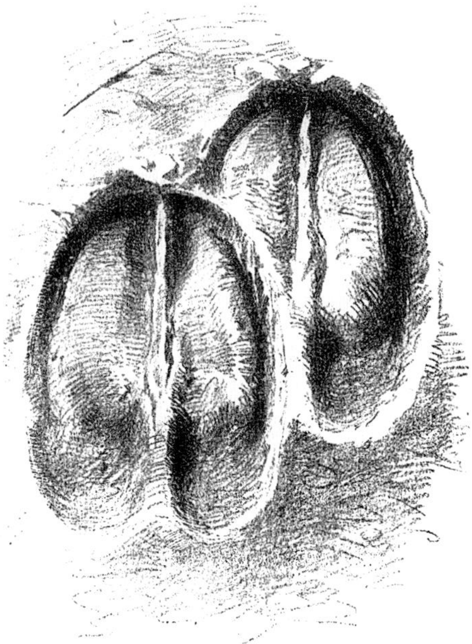

„Kreuztritt": Der Hinterlauf tritt seitlich versetzt in den Tritt des Vorderlaufs

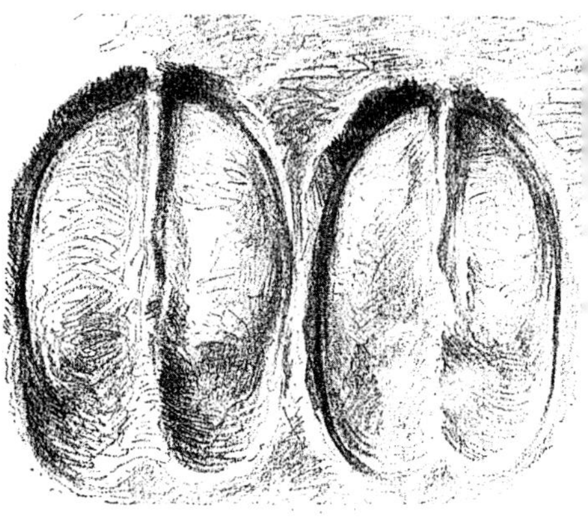

„Beitritt": Der Hinterlauf steht außen neben dem Vorderlauftritt.

Die Fährten des ziehenden (a und b) und des flüchtigen (c) Rothirschs. Links ist der „Beitritt" zu erkennen, in der Mitte das „Hinterlassen".

Besondere Fährtenzeichen

Danach übereilen junge Hirsche besonders häufig, das heißt sie setzen im Ziehen den Hinterlauf leicht vor den Abdruck des Vorderlaufes. Ebenso ordnet man jüngeren Hirschen das *Vierballenzeichen* zu, bei dem sich die Ballen der Hinterläufe direkt vor jenen der Vorderläufe abdrücken. Das sogenannte *Blenden* – das Trittsiegel des Hinterlaufes fasst direkt in das des Vorderlaufes und lässt von diesem nur noch den vorderen und äußeren Rand der Schalen erkennen – wird mittelalten Hirschen zugeordnet. Das *Ereilen* (der Tritt des Hinterlaufes überdeckt mit den Schalen die Ballen des Vorderlaufes) und das *Hinterlassen* (das Trittsiegel des Hinterlaufes steht hinter dem des Vorderlaufes) gilt als typisch für alte Hirsche. Weitere Fährtenzeichen sind der *Kreuztritt* und der *Beitritt*.

Vor dem Hintergrund fehlender umfassender Erhebungen mit einem ausreichend großen Stichprobenumfang sollen die geschilderten Erfahrungen an dieser Stelle aber weder pauschal angezweifelt noch kommentiert werden. Ist ein bestimmter Hirsch bestätigt, empfiehlt es sich, das einzelne Trittsiegel zur Wiedererkennung genau auszumessen.

ZEICHEN AUSSERHALB DER FÄHRTE

Wie alle Geweihträger signalisiert auch der Rothirsch durch das *Fegen* des Geweihes, durch die *Fegestellen*, seine Anwesenheit. Da der Rothirsch aber, anders als der Rehbock, nicht durch späteres Fegen ein Revier oder Territorium markiert, bleibt das Fegen auf einen relativ engen Zeitraum begrenzt. Sind die Geweihstangen vom Bast befreit, *schlägt* der Hirsch. Er reibt und schlägt mit den Stangen in der Feist-, besonders aber zur Brunftzeit an beziehungsweise in die Vegetation oder den Boden. Dieses Schlagen kann zu irreversiblen Schäden in Forstkulturen und an einzelnen jungen Bäumen füh-

ROTWILD IN NOT

Von der einst fast flächendeckenden Verbreitung des Rotwilds in Deutschland und Mitteleuropa ist bis heute nur noch ein flickenteppichartiges Muster aus mehr oder minder großen und teilweise völlig isolierten Rotwildvorkommen übrig geblieben. Längst wird behördlicherseits zwischen Rotwild-Einstandsgebieten und rotwildfreien Gebieten unterschieden. Fortschreitender Lebensraumschwund, unüberwindbare Verkehrsadern sowie wirtschaftliche Interessen und ökologische Notwendigkeiten haben zu dieser Entwicklung geführt. Darüber hinaus sind nicht wenige Rotwildvorkommen im Sinne einer artgemäßen Sozial- und Altersstruktur mangels Masse kaum noch planmäßig zu bewirtschaften.

Jeder Jäger sei an dieser Stelle deshalb aufgerufen, sich im Rahmen seiner Möglichkeiten für den Erhalt des Rotwilds und seiner verbliebenen Lebensräume sowie für deren Wiedervernetzung auch ohne vordergründige jagdliche Interessen einzusetzen.

Auch Suhlmöglichkeiten bestimmen die Qualität des Rotwildlebensraumes.

Die Randbereiche der Suhlen lassen erkennen, wer sich eine „Fangopackung" verpasst hat.

ren, die aber im Vergleich zu den teils bedeutenden Verbiss- oder Schälschäden kaum nennenswert sind.
Tiere und Hirsche *plätzen*, um sich ihre Ruhebetten von störender Vegetation freizuscharren, wenn auch nicht so ausgiebig und deutlich wie zum Beispiel das Rehwild. Rotwild fällt nur selten und kurzzeitig in wirklichen „Tiefschlaf". Brunfthirsche plätzen sich weiterhin Stellen frei, um sich auf der frischen Erde zu kühlen sowie bei gesteigerter Aggressivität.

Suhlen, Losung, Laute

Weibliches und männliches Rotwild suhlt ausgiebig. Einzelne Geweihabdrücke im Schlammrand der Suhle können deren Nutzung durch Hirsche bestätigen. Die Suhlen gehören für das Rot- und Schwarzwild zu den unverzichtbaren Lebensraumelementen.
Darüber hinaus geben selbstverständlich die Losung sowie die verschiedenen Lautäußerungen des Rotwilds (Röhren, Trenzen, Knören, Mahnen und Schrecken) unzweifelhafte Hinweise auf seine Anwesenheit. Besonders das imposante Röhren der Hirsche zur herbstlichen Brunft ist dabei selbst für absolute Anfänger unverwechselbar.

DAS DAMWILD

Wie das Rotwild gehört das vermehrt tagaktive Damwild (*Dama dama* L.) in der zoologischen Systematik zu den Echten Hirschen. Beide Arten sind aber allein wegen der deutlich geringeren Größe des Damwildes, seines schaufelartigen Geweihes und des langen Wedels nicht zu verwechseln. In prähistorischer Zeit bewohnte das Damwild große Teile der Nordhalbkugel, wurde durch die letzte Eiszeit aber auch aus dem mitteleuropäischen Raum verdrängt. Seine glazialen Rückzugsgebiete lagen insbesondere in Kleinasien, etwa im Bereich der heutigen Türkei. Erst die Römer brachten es wieder nach Mitteleuropa. Die erste Wiedereinbürgerung im deutschen Raum erfolgte im 16. Jahrhundert. Sämtliche heute in Deutschland lebenden Damwildvorkommen sind folglich nicht auf eine natürliche, nacheiszeitliche Wiederausbreitung, sondern auf Gatterhaltungen und Wiedereinbürgerungen durch den Menschen zurückzuführen.

Damwild in Deutschland

Die kopfstärksten Damwildvorkommen Deutschlands leben aktuell in Mecklenburg-Vorpommern, Brandenburg, Niedersachsen und Schleswig-

Damwild ist in Deutschland im Aufwind. Die Streckenzahlen belegen dies.

Holstein. Seit 1980 erfuhr die bundesweite Damwildstrecke mit etwa 17 400 Stück bis zum Jahr 2020/21 mit 66 000 Stück eine Steigerung auf 380 Prozent! Somit zählt das Damwild zweifelsohne zu den „aufstrebenden" Wildarten Deutschlands. Nicht zuletzt durch die zunehmende Ausbreitung des Wolfes kommt es darüber hinaus, ebenso wie beim Rotwild, zu einer Erweiterung der Einstandsgebiete.

TRITTSIEGEL UND FÄHRTE

Die Fährte ausgewachsenen Damwildes ist aufgrund ihrer Länge und Breite fast nur mit jener des Rotwildes zu verwechseln. Dies aber auch nur in einer Gewichts- beziehungsweise Körperstärkenklasse, also etwa die des Damhirsches mit jener des Rottiers sowie die des Damtieres mit der des Rotwildkalbs im Herbst. Als gutes Unterscheidungsmerkmal gilt der abgedrückte Ballen, der als Faustregel beim Rotwild etwa zwischen 25 und 30 Prozent der Gesamtlänge eines Trittsiegels ausmacht, beim Damwild hingegen etwa 50 bis 60 Prozent.

Damkalb oder Rehwild?

Leicht zu verwechseln ist das Trittsiegel eines Damwildkalbs im Sommer mit dem eines erwachsenen Rehs, da in der Form und Stärke deutliche Ähnlichkeiten bestehen. Doch ist auch beim Rehwild der Ballenanteil an der Trittsiegellänge geringer, und im Normalfall wird das Damwildkalb zunächst mit seinem Muttertier und später darüber hinaus im Rudel unterwegs sein. So tendiert die Verwechlungsmöglichkeit mit der Rehfährte gen Null. Die Kälber des Damwildes folgen darüber hinaus sehr viel früher ihrer Mutter als die Kälber bzw. Kitze des Rotwildes und des Rehwildes,

652 Brunftruf des Damhirsches

und können bereits innerhalb der ersten 24 Stunden bei Annäherung vor dem Menschen flüchten.

Die Abdrücke des Geäfters oder der Oberrücken sind nur in der Fluchtfährte, in ausreichend hohem Schnee oder tiefem Schlamm und dann (wie beim Rotwild) direkt hinter den Klauen zu finden.

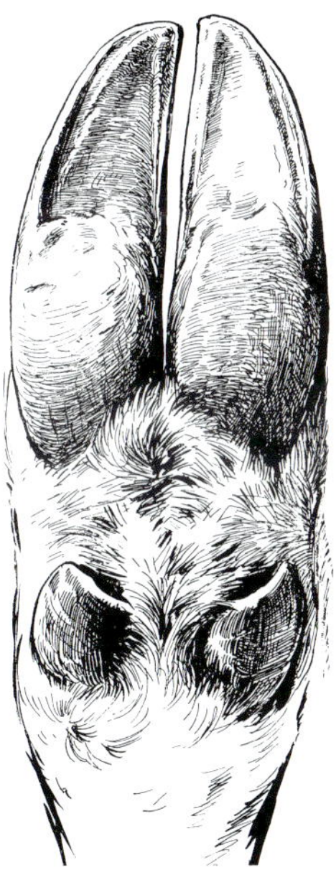

Schalensohle eines Damschauflers (~ 50 % natürliche Größe)

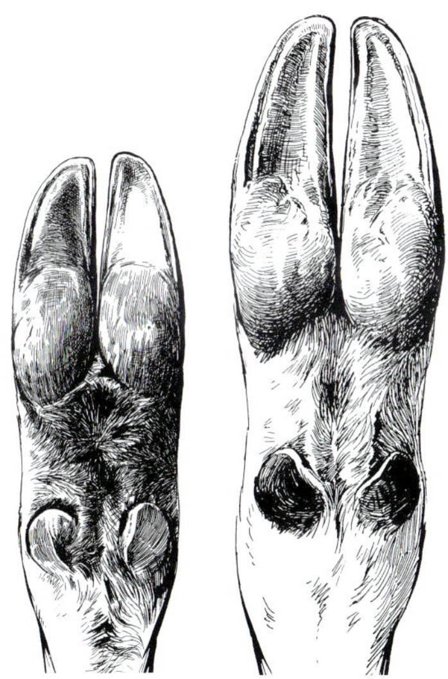

Schalensohle eines Damschmaltiers (l.) und eines Damtiers (~ 50 % natürliche Größe)

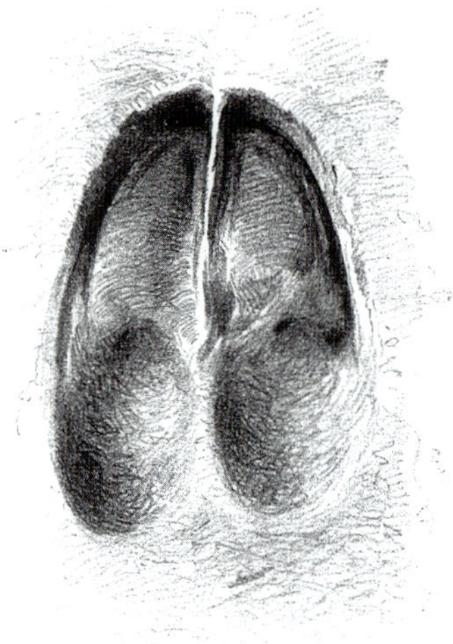

Trittsiegel eins starken Damschauflers (~ 50 % natürliche Größe). Der Ballen drückt sich stärker ab als beim Kahlwild.

Prellsprünge wie Gazellen

Gemeinsam mit dem Sikawild, auf das aufgrund seiner geringen Verbreitung in diesem Buch nicht näher eingegangen wird, zeigt das Damwild – besonders bei Verunsicherung und beginnender Flucht – sogenannte Prellsprünge. Die Tiere springen mit allen vier Läufen gleichzeitig ab, setzen sie ebenso gleichzeitig wieder auf, springen wieder ab und so weiter. Ein Verhalten, wie es auch von afrikanischen Gazellenarten bekannt ist.

Hirsch oder Tier?

Die Geschlechter des Damwildes sind anhand der Fährte, von der Größe bei adulten Stücken abgesehen, weit schwieriger zu unterscheiden als beim Rotwild. Die Fährte mittelalter und alter Damhirsche ist deutlich größer als jene des Kahlwildes. Als grobe Richtwerte sollte man sich merken, dass das Trittsiegel des Damtieres durchschnittlich etwa fünf Zentimeter, das des Schauflers etwa acht Zentimeter lang und ungefähr so breit wie das des Tieres lang ist.

Schrank, Ballenabdruck und Form des Tritts

Bei längeren und kompletten Fährtenbildern ist außerdem deutlich der Schrank der Damhirsche zu sehen.
Das einzelne Trittsiegel des Hirsches zeigt – wie beim Rothirsch – mit den Schalenspitzen etwas abgewinkelt nach außen, während die des Kahlwilds fast ungeschränkt und annähernd parallel zueinander abgedrückt werden.
Und ebenso wie beim Rotwild wird auch beim Damkahlwild der Ballen in der Fährte deutlich weniger als beim Hirsch, eventuell auch gar nicht, abgedrückt.
Karl Brandt und Hans Behnke vertraten die Auffassung, dass die Trittsiegel des weiblichen Damwilds insgesamt spitzer wirken, die der Schaufler aber – ganz ähnlich wie beim Rothirsch – Stümpfe haben und geschlossener erscheinen. Dieser Meinung

Schon beim nächsten Mal kann die Bühne leer bleiben: „Heute hier, morgen dort – schon an einem anderen Ort.“

Ähnlich den Rothirschen schlagen auch Damhirsche vor der Brunft und während der Brunftzeit.

kann ich mich vor dem Hintergrund langjähriger eigener Erfahrungen, sowohl aus dem ehemaligen WILD-UND-HUND-Versuchs- und Lehrrevier Lanze im niedersächsischen Wendland als auch aus zahlreichen anderen Rotwild- und Damwildrevieren, nicht anschließen.

ZEICHEN AUSSERHALB DER FÄHRTE

Auch der Damhirsch signalisiert zunächst durch das Fegen des Geweihes, durch die Fegestellen, seine Anwesenheit, was zeitlich über die Phase des *Verfegens* des Bastes hinausgeht. *Schlagstellen* finden wir besonders ab

UNSTETE RUMTREIBER?

Dem Damwild eilt der Ruf des „Unsteten" voraus. Damit wird umschrieben, dass sich sein Verhalten kaum in halbwegs feste, geschweige denn allgemeingültige Regeln fassen lässt. Wer schon auf einen ganz bestimmten Schaufler außerhalb der Brunft gejagt hat, weiß, was damit gemeint ist. Kommt man morgens auf einen Auserwählten im Rudel nicht zu Schuss und versucht sein Glück am folgenden Abend oder Morgen an gleicher Stelle, wird man sehr oft ohne Anblick bleiben. Obwohl Damwild alles in allem schon dauerhaft bestimmten Einstandsgebieten, Revieren und/oder Revierkomplexen treu ist, ist es innerhalb dieser Räume kaum auszurechnen – heute hier, morgen dort! Es zieht im Hellen und Dunklen und scheint fast einen unstillbaren „Bewegungsdrang" zu haben. Feste Wechsel hält es dabei oft nicht ein, und die Gründe für einen plötzlichen Ortswechsel erkennen wir, anders als bei andere Wildarten, meist nicht. Relativ häufiger als anderes Schalenwild ist Damwild deshalb an Wildunfällen beteiligt. Hierzu trägt aber auch sein arteigenes Fluchtverhalten bei. Es ist für den Fährtenkundigen also ungleich schwieriger und unwahrscheinlicher als beim Rothirsch, zum Beispiel einen bestimmten Schaufler auf Wechseln und in offenbar bevorzugten Revierteilen stets erneut zu fährten und zu bestätigen.

Mitte bis Ende September, also im Vorfeld der Damwild-Brunft. Nach dem Schadbild ist eine exakte Abgrenzung von Fege- und Schlagstellen sehr schwierig. Die Schaufler *plätzen* besonders intensiv auf den Brunftplätzen, um ihre eigenen Brunftarenen abzugrenzen. Sehr ausgeprägt geschieht dies beim Ausscharren der Brunftkuhlen. Stier et al. (2010) schildern, dass sich zur absoluten Hochbrunft auf dem Hauptbrunftplatz Schildfeld in Mecklenburg-Vorpommern zeitgleich bis zu 60 Platzhirsche befanden.

Im Gegensatz zum Rotwild nimmt Damwild keine Suhlen an.

Losung und Lautäußerungen

Wie bei allen Wildarten lässt seine Losung Rückschlüsse auf den Zeitpunkt seiner Anwesenheit zu. Als Lautäußerungen lässt Damwild das Blöken (Alttier zum Kalb), das Fiepen (Kalb zum Tier), das Miauen (Kahlwild zur Brunft), das Klagen (alle Altersklassen bei Schmerz, besonders in Panik angesichts des Menschen), und das Schrecken (bei Störung) hören. Der Brunftschrei ist mit dem des Rothirsches in Lautstärke und Variabilität nicht zu vergleichen und ähnelt einem einförmigen „Rülpsen“.

DAS REHWILD

Rehe – mit dem Fuchs, dem Steinmarder und dem Feldhasen (regional unterschiedlich in mehr oder minder hoher Zahl) bilden sie das Quartett der größeren heimischen Haarwildarten, die in (fast) jedem deutschen Revier regelmäßig vorkommen.

Anpassungskünstler par excellence

Das Rehwild (*Capreolus capreolus* L.) ist „omnipräsent“. Es lebt im Feld, im Wald, im Moor, in ausgedehnten Schilf- und Röhrichtflächen, in Parks und Gärten, auf Sportanlagen und Friedhöfen – also fast überall. Bis auf die Innenstädte unserer Metropolen haben sich die kleinen Cerviden fast sämtliche Lebensräume auch in unmittelbarer Nähe zum Menschen erschlossen und wissen sie zu nutzen.

In allerbester Kulturfolger-Manier setzen Rehe auf nahezu unbegrenzte

REHE SIND KEIN „UNGEZIEFER"

Was in den meisten Waldrevieren Mitteleuropas schon lange gilt, trifft heute auch auf fast alle Feldrevier zu: Angesichts der Dauermisere klassischer Niederwildarten wie Feldhase, Fasan oder Rebhuhn steht das Reh im Mittelpunkt der Jagd und Hege. Der von einigen Überhegern nach vielerorts geänderten Bejagungsrichtlinien immer wieder prophezeite dramatische Rückgang des Rehwildes trat nicht ein und wird das auch nicht tun. Rehe sind in Deutschland nahezu allgegenwärtig, auch wenn ihre Lebensraumqualität in der offenen Landschaft infolge der Industrialisierung der Landwirtschaft deutliche Einbußen erlitten hat.
Trotz ihrer schier unglaublichen Anpassungsfähigkeit und artspezifischen (Über)Lebenskunst sind auch Rehe nicht unbegrenzt belastbar. Sie zeigen weder zyklische Massenvermehrungen wie „Schadnager", noch können sie restlos überzogene Reduktionsfeldzüge unter höchstem Jagddruck problemlos kompensieren. Kurzum: Rehe sind weder Ratten noch anderes „Ungeziefer"! Auch sie müssen in artgemäßen Sozial- und Altersstrukturen leben können. Auch sie brauchen Äsung, die sie ihrer arteigenen Verdauungsphysiologie entsprechend gesund und widerstandsfähig erhält. Und sie sind auf Deckungsstrukturen angewiesen, die ihrem Sicherheitsbedürfnis entsprechen. Die Bejagung und Hege von Rehen erfordern deshalb Augenmaß und tiefgehende Kenntnisse ihrer Biologie und Lebensbedürfnisse. Die hohe Zahl der Rehe darf darüber nicht hinwegtäuschen.

Anpassungsfähigkeit. Die Folgen sind spürbar. Seit dem Jagdjahr 1992 kommen in Deutschland über eine Million Rehe zur Strecke. Die bisherige Rekordstrecke wurde im Jagdjahr 2020/21 mit 1 285 562 registrierten Rehen erreicht. Dass sich darunter alljährlich viele durch den Verkehr getötete, ausgemähte und sonst wie ums Leben gekommene, nicht erlegte Rehe befinden, ist in dicht besiedelten Industriestaaten mit intensiver Landnutzung und engmaschigen Verkehrswegen leider unvermeidbar. Dennoch ist das Rehwild in Deutschland seit langem die mit Abstand bedeutendste Wildart, die sogenannte „Brotwildart" der deutschen Jagd. Rehe „hat jeder", und selbst Jäger mit vergleichsweise wenig Jagdgelegenheit werden irgendwann und irgendwo auf Rehwild waidwerken können.

Schubladen gibt es nicht

Seit weit über hundert Jahren nun versuchen Wildbiologen, Forstleute und Jäger, Regeln und Gesetzmäßigkeiten in die Biologie und das Verhalten des Rehwilds hineinzuinterpretieren. Über bestimmte, jahreszeitlich gebundene Lebensäußerungen wie dem Haarwechsel, der Fortpflanzung, dem Geweihzyklus und anderes mehr ist es aber kaum gelungen, Rehe in unser so lieb gewordenes Schubladendenken zu pressen. Scheinbar unantastbare Theorien brachen zusammen wie Kartenhäuser, und die Insignien der Rehpäpste von einst wirken schon lange nicht mehr.

Lassen Sie uns deshalb seriöse, wissenschaftliche Erhebungen notieren und umsetzen. Ansonsten sollten wir Rehe lebensraumabhängig in unterschiedlicher Intensität, vor allem aber tierschutzkonform, artgemäß und in dankbarer Freude bejagen.

TRITTSIEGEL UND FÄHRTE

Ausgerechnet unsere häufigste und am weitesten verbreitete Schalenwildart gibt uns anhand ihrer Trittsiegel die wenigsten Hinweise auf das Geschlecht und das ungefähre Alter des gefährteten Stücks. Zu groß ist die Variabilität der Rehe bezüglich ihrer regionalspezifischen Körpergröße und Gewichte in den unterschiedlichen Altersklassen sowie zwischen den Geschlechtern. So kam ich in einem eigenen Projekt bei der Untersuchung von gut 400 erlegten Rehen in der damaligen Försterei Radbruch (ehem. Niedersächsisches Forstamt Rosengarten) erneut zu ganz erstaunlichen Ergebnissen. Im Rahmen einer Ansitzjagd kamen zum Beispiel in einem Abteilungskomplex ein 15 Kilogramm schweres Schmalreh, eine 11,5 Kilogramm schwere vierjährige Ricke und eine sechsjährige Ricke mit 12 Kilogramm zur Strecke. Und allein bei den Jährlingsböcken ergaben sich Gewichtsunterschiede zwischen 6,5 und

653 1. Rickenfiep, 2. Kitzfiep, 3. Schrecken eines Rehs

Die meisten Versuche, Rehwild zu kategorisieren, sind gescheitert.

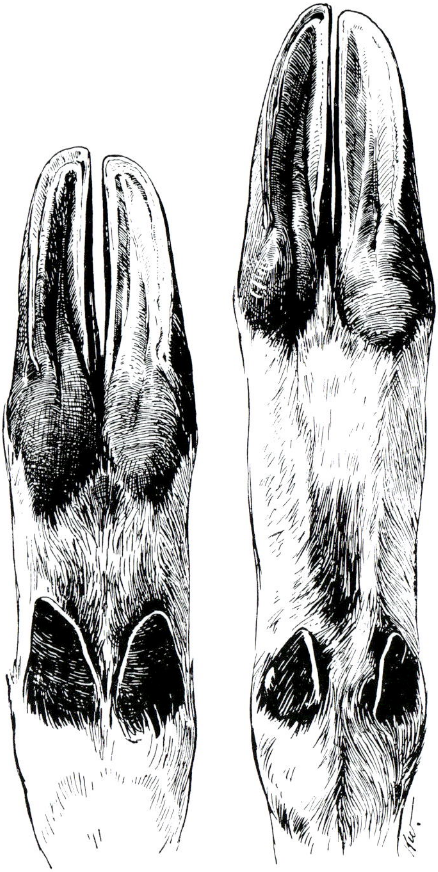

Schalensohle Vorderlauf (l.) und Hinterlauf Reh (~natürliche Größe). Bei allem Schalenwild sitzen die Afterklauen am Hinterlauf höher als am Vorderlauf.

16 Kilogramm (alle Gewichte aufgebrochen mit Haupt, Altersermittlung per Zahnschnitt).

Begrenzte Aussagekraft

Wohl ist die Fährte eines adulten Rehbocks durchschnittlich(!) etwas stärker als die der Ricke und sicherlich schränkt der Bock etwas stärker als weibliches Rehwild. Ebenso drückt sich das Geäfter des Bocks aufgrund seines durchschnittlich höheren Gewichtes in schnellerer Gangart, zum Beispiel beim Treiben in der Blattzeit, eher ab als das des weiblichen Rehs. Doch ist es allein schon der hohen Zahl der Rehe und der daraus entstehenden Fährtenmenge wegen müßig, aus den Tritten der Rehe irgendetwas herausbuchstabieren zu wollen. Im Übrigen ist mir kein Jäger bekannt, der das Geschlecht eines Rehs nur anhand der Fährte zweifelsfrei ansprechen könnte.
Zur erfolgreichen Bejagung der Rehe ist dies aber auch gar nicht notwendig. In größeren zusammenhängenden Wäldern oder Forsten gilt im Rahmen

MASSE TRITTSIEGEL UND FÄHRTE

Trittsiegel Adulte (LxB)	4–6 x 2,2–3,2 cm
Schrittlänge Adulte (ziehend)	30–45 cm

Das vertraut ziehende Reh setzt den Hinterlauf fast genau in den Tritt des Vorderlaufs (~ natürliche Größe).

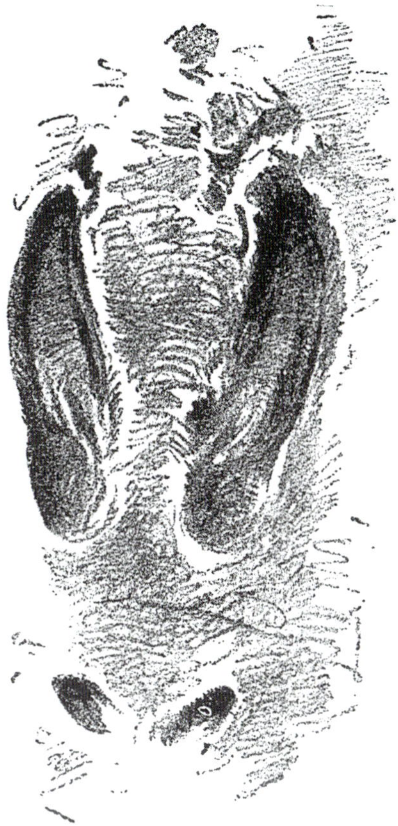

Trittsiegel des flüchtigen Rehs: Die Schalen sind bei dieser Gangart gespreizt und auch das Geäfter ist abgedrückt.

der Abschussplanerfüllung längst das Motto „Zahl vor Wahl", und in Misch- und reinen Feldrevieren mit einigen Feldgehölzen oder Remisen sind bei etwas Mühe und Beobachtungsgabe die „gekrönten Häupter" des Jagdbezirkes alljährlich vergleichsweise schnell bekannt. Die meisten älteren Böcke leben darüber hinaus etwa fünf Monate territorial und geben uns in dieser Zeit weit eindeutigere Zeichen ihrer Anwesenheit als die Fährte (s. u.).

In der Fluchtfährte des Rehs stehen alle vier Trittsiegel in Gruppen zusammen. Die Hinterläufe „überholen" und werden vor die Vorderläufe gesetzt.

Weiterhin ist Rehwild im Allgemeinen weitestgehend standorttreu und beide Geschlechter halten sich im Normalfall nachhaltig an bekannte Wechsel.

Merkmale der Rehfährte

Wie das Rot- und Damwild setzt das Reh im Ziehen die Schalen des Hinterlaufes ganz oder teilweise in das Trittsiegel des Vorderlaufes derselben Körperseite. Im Trittsiegel selbst macht der abgedrückte Ballen bei geeignetem Boden rund ein Drittel der Gesamtlänge aus.

Der Troll, die häufigste Fluchtform des Rotwilds, ist bei Rehen nur sehr selten zu beobachten. Bei der schnellsten Gangart, dem Galopp in hoher Flucht, werden die Hinterläufe etwas hintereinander und seitlich versetzt vor die der Vorderläufe gesetzt. In der Fluchtfährte sind die Schalen des einzelnen Trittsiegels deutlich gespreizt und das Geäfter, das an den Vorderläufen tiefer sitzt als an den Hinterläufen, drückt sich im Boden ab.

Zu Verwechslungen der Rehfährte kann es aufgrund ihrer geringen Größe nur beim Frischling oder Damkalb kommen. Ersterer zeigt uns in seinem Trittsiegel aber in den allermeisten Fällen das Geäfter, Letzteres zieht im Normalfall mit seinem Muttertier und später im Rudel, was Verwechslungen so gut wie ausschließt.

ZEICHEN AUSSERHALB DER FÄHRTE

Neben seinen Fährten, Fraßspuren (Verbiss), der Losung und den Betten, die Rehwild im allgemeinen hinterlässt, gibt uns vor allem der Rehbock durch die Territoriumsmarkierung und/oder sein Aggressionsverhalten weitere unzweifelhafte Zeichen seiner Präsenz. Zunächst in Form der Fege- bzw. Schlagstellen.

Das Befreien des fertig ausgebildeten Geweihs oder Gehörns vom Bast, das sogenannte Verfegen, dauert normalerweise nur wenige Stunden und führt nur selten zu sichtbaren Verletzungen des jungen Baumes oder Strauches, an dem gefegt wurde. Die Mehrzahl der Rehböcke fegt im Monat April, eventuell schon im März, speziell bei den Jährlingen aber kann sich der Fegetermin in den Mai und Juni verlagern.

Das, was man gemeinhin als Fegestellen bezeichnet, sind eigentlich Schlagstellen im Kontext der olfaktorischen Territoriumsmarkierung – charakterisiert durch deutlich sichtbare Verwundungen der Rinde bis hin zum weißen oder helleren, verholzten Teil der Pflanze. Der Rehbock schlägt den ganzen Sommer hindurch, besonders intensiv zur Brunftzeit und mit sicherem Finderwillen sucht er sich häufig genug die seltensten Holzarten seines Einstandes dazu aus. Zahllose gut gemeinte, aber nicht gezäunte Anpflanzungen zur Lebensraumverbesserung wurden so im wahrsten Sinne des Wortes zerschlagen.

Schlagstelle eines Rehbocks an einer jungen Weide

Häufig wird vor diesen Schlagstellen zusätzlich geplätzt. Der Rehbock plätzt selbstverständlich auch völlig unabhängig vom Fegen oder Schlagen. Besonders intensiv wird von März bis zum Ende des Sommers geplätzt, aber

Plätzstellen des Rehbocks findet man fast ganzjährig, vor allem von März bis August (territorialen Phase).

Ähnliches Bild, andere Ursache: Hier haben sich Ricke oder Bock Äsung im Schnee freigeschlagen.

auch außerhalb der territorialen Phase. Beim Plätzen wird mit schnellen Tritten der Vorderläufe der Bodenbewuchs sowie Laub- oder Nadelstreu unter dem Wildkörper hindurch nach hinten gescharrt. Ähnlich werden die Betten der Rehe angelegt. Vergleichbare Bilder können aber auch im Winter entstehen, wenn sich Rehe beiderlei Geschlechts mit den Schalen der Vorderläufe Äsung unter dem Schnee freischlagen.

In der hochsommerlichen Blattzeit bringt ein weit hörbares Plätzen im Laub durch den Jäger, zum Beispiel mit dem Pirschstock, die suchenden Rehböcke oft ebenso wirkungsvoll wie das Blatten selbst zum Zustehen.

HORNTRÄGER UND SCHWARZWILD

DAS MUFFELWILD

Die letzten europäischen Populationen „mufflonartiger“ Wildschafe erloschen in der Jungsteinzeit. Wie beim Damwild sind die heute in Europa existenten Vorkommen des Muffelwilds (*Ovis gmelini musimon* PALLAS) also ausnahmslos auf Ausbürgerungen durch den Menschen, vereinzelt eventuell auch auf entwichene Gattertiere, zurückzuführen.

Anfang des 19. Jahrhunderts wurde das Muffelwild von den tyrrhenischen Inseln erstmals nach Deutschland gebracht.

Die Refugien der Mufflons waren die Mittelmeerinseln Korsika, Sardinien und Zypern. Doch auch auf die tyrrhenischen Inseln aber gelangten die Mufflons vermutlich vor etwa 8 000 Jahren durch den Menschen. Da Beutegreifer fehlten, konnten sich dort stabile Wildbestände entwickeln. Wie beim ursprünglich im kleinasiatischen Raum beheimateten Damwild waren es die Römer, die das Muffelwild von den genannten Inseln erstmals auf das europäische Festland brachten.

654 Verständigungslaute des Muffelwildes

Muffelwild in Deutschland

Die ersten Ausbürgerungen in Deutschland erfolgten im Jahre 1902 in Schlesien (heute Polen) sowie 1903/04 in der Göhrde, einem damals kaiserlichen Jagdrevier in Niedersachsen. Besonders in den ostdeutschen Bundesländern wurden zu Zeiten der ehemaligen DDR aus jagdwirtschaftlichen Gründen viele neue Populationen bis in die 1980er-Jahre hinein begründet. Heute kommt Muffelwild in sämtlichen Bundesländern bis auf Hamburg und Bremen vor. Die höchsten Jahresstrecken werden aktuell in Thüringen und Rheinland-Pfalz erzielt. Die bundesweite Jahresjagdstrecke umfasste 2020/21 zwar über 8 100 Stück und war die höchsten der letzten zehn Jahre. Doch der Schein trügt! Denn kaum veränderte oder gar steigende Streckenergebnisse werden nur noch in jenen Einstandsgebieten erzielt, in denen sich der Wolf bisher nicht etabliert hat. Durch sein artspezifisches Fluchtverhalten werden die Wildschafe zur leichten Beute für Isegrim. In den Wolfshochburgen Deutschlands befinden sich die Populationen des Muffelwildes deshalb in stetem Sinkflug, etliche Vorkommen sind in den zurückliegenden Jahren komplett erloschen. Darüber hinaus trägt auch der Luchs – beispielsweise im Harz – zum weiteren Rückgang der Mufflons bei.

ALLGEMEINES

Muffelwild ist mehr als alle anderen heimischen Schalenwildarten tagaktiv, was die kleinen Wildschafe auch für nichtjagende Naturfreunde und -beobachter besonders attraktiv macht. Dennoch fallen auch ihre Aktivitätsmaxima in die Dämmerungsstunden.
Ein bitterer Wermutstropfen in der bisher sonst erfolgreichen Geschichte der Besiedlung Europas durch diese Wildschafe ist das Auftreten von Schalenkrankheiten, besonders der Moderhinke, in etlichen Vorkommen. Die noch immer gängige Meinung, dass Schalenerkrankungen vor allem auf die Beschaffenheit des Bodens im Lebensraum zurückzuführen seien, ist unzutreffend.
Dort, wo das Muffelwild immer wieder in hohem Maße von Schalenerkrankungen heimgesucht wird, sollten die Bestände aus Tierschutzgründen eliminiert werden. Ansonsten aber verdient es das Muffelwild – auch aus nicht jagdlichen Gründen – aufgrund seiner relativ genügsamen Lebensweise sowie des vergleichsweise geringen Schadens an der Waldvegetation als

Muffelschaf mit Lamm. Mufflons sind ausgeprägter tagaktiv als anderes Schalenwild.

Bereicherung der heimischen Wildfauna, wo immer möglich, erhalten zu werden.

TRITTSIEGEL UND FÄHRTE

Die Trittsiegel des Muffelwilds sind von jenen der anderen Schalenwildarten relativ leicht zu unterscheiden. Sie

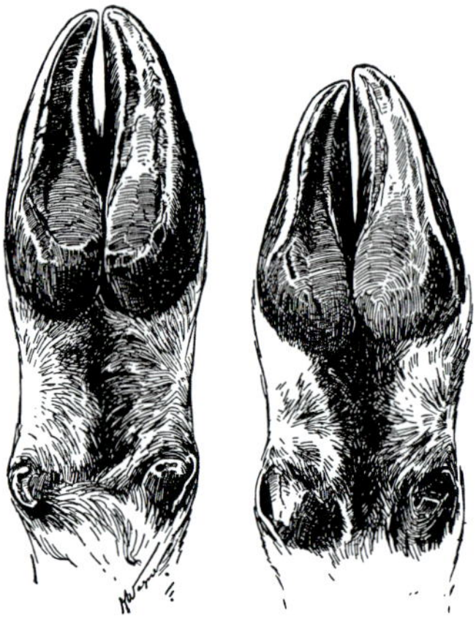

Schalensohlen des Hinterlaufs (l.) und des Vorderlaufs eines geringen Mufflons (~ 50 % natürliche Größe)

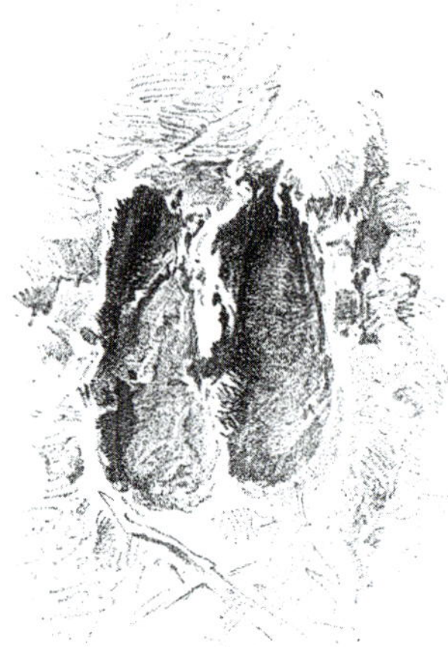

Trittsiegel eines jungen Muffelschafs (~ 50 % natürliche Größe)

wirken schmal und lang und ähneln stark dem Tritt eines Hausschafes. Auch in der Fluchtfährte – Muffelwild ist außerordentlich sprunggewaltig – werden die Afterklauen normalerweise nicht abgedrückt.

An der Form der Trittsiegel allein sind Schafe und Widder nicht zu unterscheiden. Von der Rehwildfährte unterscheiden sich die Abdrücke der Mufflons nicht zuletzt durch die auch im ruhigen Ziehen gespreizten Schalenspitzen.

MASSE TRITTSIEGEL UND FÄHRTE

Trittsiegel (LxB)	
Widder adult	5,5–6,5 x 4,5 cm
Schaf adult	4,5–5,5 x 3,75–4 cm
Schrittlänge (vertraut ziehend)	
Widder adult	40–60 cm
Schaf adult	35–40 cm

ZEICHEN AUSSERHALB DER FÄHRTE

Die Fraßbilder (Verbiss) sind von jenen des Rehwilds nicht, von denen des Rot- und Damwilds mitunter anhand der Verbisshöhe zu unterscheiden. Von der durchschnittlichen Widerristhöhe aus-

Fährten des Muffelwilds: vertraut ziehend (l.) und flüchtig

gehend, ist das Muffelwild mit dem Rehwild unsere kleinste heimische Schalenwildart. Nadelbäume werden vom Muffelwild häufig an den Seitentrieben verbissen, der Terminaltrieb bleibt dann verschont und das Höhenwachstum der betroffenen Bäume wird nicht beeinträchtigt.
Schäle verursacht Muffelwild nur an Bäumen bis etwa zehn Zentimeter Durchmesser, bevorzugt an Zitterpappel, Eberesche, Fichte und Sträuchern. Selten werden auch Wurzelanläufe der Fichte geschält. Da die enge Maulspalte des Muffelwilds dessen Abscherkräfte stark begrenzt, tritt im Normalfall nur Sommerschäle auf. Insgesamt sind die Schälschäden durch Muffelwild sehr gering. An den Schälstellen sind im Unterschied zu denen des Rotwilds keine Zahnspuren zu sehen.
Die Rammstellen der Widder ähneln mitunter den Schlagstellen der Rehböcke. Die Widder schlagen mit den Schnecken gegen die Rinde der Bäume. Die so gelöste Rinde wird abgezogen und aufgenommen. Rammschäden sind allerdings sehr selten und treten ganz überwiegend an der Buche und Kiefer auf. Das Freiplätzen der Ruhestellen (Betten) wird auch bei Muffelwild beobachtet, wenn auch deutlich seltener als beim Rehwild.

DAS GAMSWILD

Das Gamswild (*Rupricapra rupricapra* L.) ist ohne Zweifel die Traditionswildart des deutschen Alpenbogens schlechthin. Entsprechend hoch ist sein Stellenwert in der Jagdkultur und in der Jagdpraxis Südbayerns. Außer im Freistaat Bayern kommt Gamswild in Deutschland nur in Baden-Württemberg und Sachsen vor. In Baden-Württemberg zieht Gamswild im Schwarzwald, auf der Schwäbischen Alb sowie im Donautal und als Wech- selwild im Allgäu an der Grenze zu Bayern seine Fährte.

Im Elbsandsteingebirge existiert eine „Kleinstpopulation", die auf Auswilderungen in Nordböhmen und der Sächsischen Schweiz zu Beginn des vergangenen Jahrhunderts zurückzuführen ist. Aktuell ziehen im Nationalpark Sächsische Schweiz aber nur noch ausnahmsweise einige Gämsen ihre Fährte, da sich das verbliebene Hauptvorkommen weitestgehend auf das Areal des Nationalparks Böhmische Schweiz, also auf den tschechischen Teil des Elbsandsteingebirges beschränkt. Im Jagdjahr 2020/21 und in den Jahren davor belief sich die Jagdstrecke in Deutschland auf

655 Brunftlaut des Gamsbocks („Blädern")

4 500 bis 5 000 Stück Gamswild, wovon im Durchschnitt 90 Prozent in Bayern und nur zehn Prozent in Baden-Württemberg erlegt wurden.

ALLGEMEINES

Abhängig vom Lebensraum spricht man gelegentlich von „Gratgams", die sich überwiegend in der Kampfwaldzone und oberhalb der Baumgrenze bewegen, sowie von „Waldgams", die ihren Einstand und Lebensraum unterhalb der Baumgrenze im Bergwald wählen. Diese Bezeichnungen sind oft unzutreffend, da mitunter witterungsbedingt – vor allem durch hohe Schneelagen – zwangsläufig ein Wechsel in tiefer gelegene Waldregionen und umgekehrt stattfinden muss. Ebenso können sich die Brunft- und Sommereinstände deutlich voneinander unterscheiden. Wegen des Verbisses junger Forstpflanzen (regional unterschiedlich!) spielt Gamswild im Wald in der Diskussion um den Erhalt beziehungsweise die Sanierung des Schutzwaldes der subalpinen und hochmontanen Gebirgsstufen (Lawinen) eine wesentliche Rolle. Als typischer Hochgebirgsbewohner ist das Gamswild tagaktiv. Für seine Populationsdynamik spielt neben der Jagd naturgemäß auch die Wintersterblichkeit eine bedeutende Rolle. Besonders Kitze, Jährlinge und Böcke fallen harten und langen Wintern zum Opfer.

Gamsgeiß mit Kitz. Harte Winter können bei hochmontanen und alpinen Gamsvorkommen zu spürbaren Kitzverlusten führen.

TRITTSIEGEL UND FÄHRTE

Das Trittsiegel des Gamswilds unterscheidet sich von dem aller anderen heimischen Schalenwildarten durch sein fast quadratisch wirkendes Gesamtbild. Die Schalen sind immer etwas gespreizt, ihr Abstand zueinander in der Fährte stets deutlich sichtbar. Hinzu kommt, dass die Schalen fast in voller Länge annähernd gleich breit sind. Der harte äußere Rand der Schalen gewährleistet selbst auf schmalen Kanten und Bändern im Fels noch sicheren Halt. Die weichere, gummiartige Sohle ermöglicht den Gämsen auch auf glattem Fels noch eine sichere Fortbewegung. Im Winter führen die weit spreizbaren Schalen darüber hinaus zu einer Art „Schneeschuheffekt", der ein allzu tiefes Einsinken verhindert und die Fortbewegung erleichtert. Bei höheren Schneelagen macht nachrutschender Schnee die Fährten meist unkenntlich.

Die Afterklauen setzen relativ hoch an den Läufen an und drücken sich im Ziehen nicht ab. In der Fluchtfährte ist das Geäfter deutlich, allerdings in einigem Abstand hinter den Abdrücken der Schalen sichtbar. Die Länge des Trittsiegels adulter Stücke liegt zwischen etwa fünf und sechs Zentimetern, die Breite schwankt von drei bis etwa dreieinhalb Zentimeter. Gamsbock und -geiß sind anhand des Fährtenbildes allein nicht sicher zu unterscheiden.

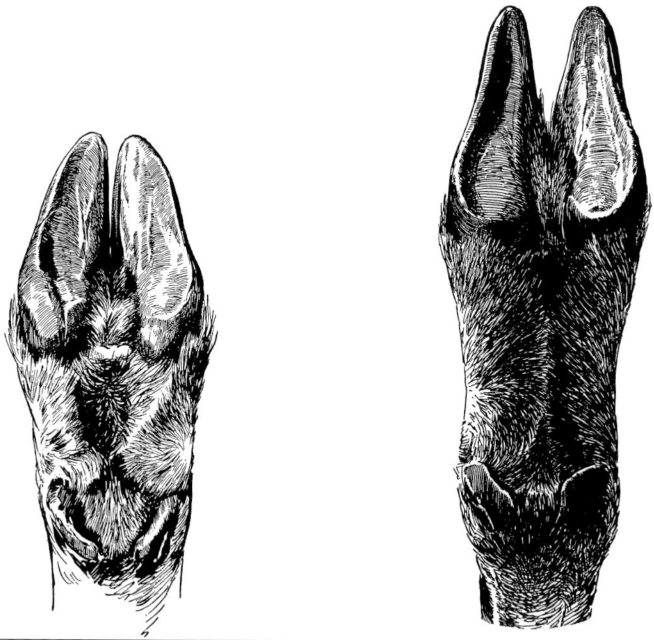

Schalensohle Vorderlauf (l.) und Hinterlauf eines Gamsbocks (~ 50 % natürliche Größe). Auch hier ist der am Hinterlauf größere Abstand zwischen Schalen und Afterklauen markant.

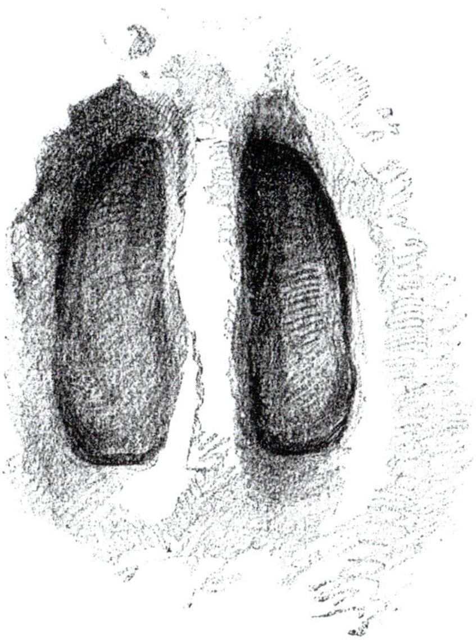

Trittsiegel eines Gamsbocks (~ 50 % natürliche Größe)

Die Gamsfährte kann eigentlich nur mit den Tritten von Hausschafen und -ziegen verwechselt werden, die sich im Bereich der Almen gelegentlich ihren Lebensraum mit den Gämsen teilen. Die Trittsiegel des Steinwildes dagegen sind größer, die Schalen noch weiter gespreizt und der Abstand von den Schalen zum Geäfter geringer.

ZEICHEN AUSSERHALB DER FÄHRTE

Zur Losung gesellen sich verschiedene Lautäußerungen, von denen das charakteristische Pfeifen als Warnlaut für den Jäger von besonderer Bedeutung ist. Hinzu kommen Laute, die nur auf

Fluchtfährte einer Gams

Gamswild ruht gern an den gleichen Plätzen. Dort finden sich oft große Mengen an Losung.

relativ kurze Distanzen wahrzunehmen sind: Das leise Meckern, das Blöken der Kitze sowie das sogenannte Knuffen, ein Warnlaut der offenbar durch ein ruckartiges Ausstoßen von Luft erzeugt wird.
Das Hornen, ein Reiben der Krucken (und/oder der Brunftfeigen) an Latschen, Erlenstauden oder Fichten und Tannen kann zu ähnlichen Bildern führen wie das Fegen bzw. Schlagen des Rehbocks. Gamswild hat darüber hinaus die Angewohnheit, an bestimmten Ruheplätzen über relativ lange Zeiträume festzuhalten. Weil nach dem Aufstehen und Strecken an Ort und Stelle Losung abgegeben wird, können große Ansammlungen von „Gamsmist“ entstehen, die diese Ruheplätze zweifelsohne als „Gamsbetten“ ausweisen.

DAS SCHWARZWILD

Allein der Gedanke an Schwarzwild (*Sus scrofa* L.) ist für die meisten Jäger Deutschlands nicht nur mit jagdlichen Freuden, sondern längst auch mit Sorgenfalten, Ärger und mitunter erheblichen finanziellen Einbußen verbunden. Während noch Mitte des 20. Jahrhunderts weite Teile unserer Heimat schwarzwildfrei waren, ist heute das Gegenteil der Fall.

656 Grunzlaute des Schwarzwildes

Ein unvorstellbarer Siegeszug

Das Verbreitungsgebiet der „Schwarzkittel“ erstreckt sich mittlerweile fast über ganz Deutschland, die Populationszahlen bewegen sich regional unterschiedlich in ehedem kaum vorstellbaren Größenordnungen. Einhergehend mit tiefgreifenden und schwarzwildfreundlichen Veränderungen in der Landwirtschaft sowie den zeitlich kürzeren Abständen von Vollmasten bei Buche und Eiche wurden und werden die Anpassungsfähigkeit und das Fortpflanzungspotenzial dieser Wildart offenbar weit unterschätzt. Hinzu kommen „Ablenkungsfütterungen“ und vermeintliche „Kirrungen“, die gebietsweise fast ganzjährig und intensiv betrieben werden und de facto – teilweise illegale – Fütterungen darstellen. Längst haben die Sauen auch menschliche Siedlungsbereiche und Großstädte erobert. Ganze Ortschaften mussten zum Schutz vor den Wildschweinen komplett eingezäunt werden – ein Ausnahmezustand! Das Konfliktpotenzial zwischen Landwirten, Jägern und nichtjagender Bevölkerung ist explosiv. Doch sind die Problemfelder, die sich im Zusammenhang mit den Sauen auftun können, damit nicht komplett: Das

Das unglaubliche Fortpflanzungspotenzial des Schwarzwildes hat dessen Populationen dramatisch ansteigen lassen.

Schwarzwild als Allesfresser ist regional für den Rückgang der klassischen Niederwildarten mitverantwortlich und spielt im allgemeinen Artenschutz, speziell im Bereich bodenbrütender Arten, eine überaus negative Rolle. Diese Entwicklung zu stoppen und die Bestände der Sauen auf ein zahlenmäßig erträgliches Maß und in artgemäße Sozial- und Altersstrukturen zurückzuführen, muss in den nächsten Jahren und Jahrzehnten ein vorrangiges Ziel der Jagd in Deutschland sein.

TRITTSIEGEL UND FÄHRTE

Durch die ganz überwiegend nächtlichen Aktivitäten der Sauen spielt das Abfährten und Erkennen anderer Zeichen bei ihrer Bejagung und für die

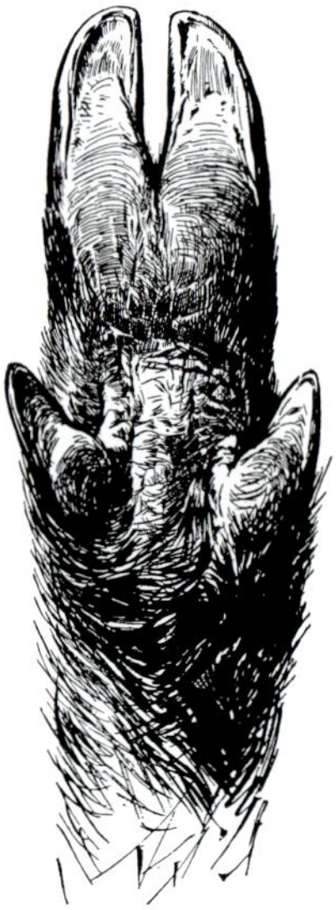

Schalensohle eines Frischlings (~ 50 % natürliche Größe)

Das Geäfter des Schwarzwilds drückt sich nicht genau hinter den Schalen ab, sondern etwas nach außen versetzt – das entgegen „Lehrbuchmeinung" nur auf etwas weicherem Untergrund.

Wildschadensabwehr eine wichtige Rolle. Die sehr einfache Erkennbarkeit der Fährte sowie der Fraßbilder des Schwarzwildes erleichtern es dem Jäger, die „Schwarzkittel" zu bestätigen oder „festzumachen". Neben den Vorbereitungen für den gezielten und zeitgerechten Ansitz kommt dabei dem Kreisen bei Schnee im Wald oder im Sommer und Herbst um gefährdete landwirtschaftliche Kulturen besondere Bedeutung zu.

Leicht zu erkennen

Von sämtlichen Fährten des heimischen Schalenwildes ist die des Schwarzwildes am leichtesten zu erkennen. Das bei halbwegs „weichem" Boden – unabhängig vom Geschlecht und Alter des einzelnen Stücks – stets abgedrückte und deutlich erkennbare, sowie seitlich nach außen versetzte Geäfter macht die Trittsiegel der Sauen unverwechselbar. Das einzelne Trittsiegel erscheint durch die Abdrücke der Oberrücken trapezförmig (s. Abb. S. 46). In der Fährte des Rotwilds stehen die Afterklauen dagegen – sofern sie überhaupt zu sehen sind – direkt hinter den Schalen. Sie wirken außerdem rund, beim Schwarzwild eher halbmondförmig. Weiterhin ist die Schrittlänge des adulten Rotwildes bedeutend größer.

Trittlänge und -breite

Die absolute Länge und Breite der einzelnen Trittsiegel sowie die Schrittweite schwankt beim Schwarzwild in Abhängigkeit von der Stärke des Stücks in erheblichem Maße. Hinzu kommt, dass die Sauen individuell und regional unterschiedlich stark sind. Die in einigen anderen Büchern dargestellten Tabellen oder Grafiken, die

Es ist höchste Zeit, das Schwarzwild deutlich zu reduzieren.

SCHADENSBEGRENZUNG IST ÜBERFÄLLIG

Schwarzwild ist ein uriges und jagdlich sehr attraktives Wild. Dennoch wird es höchste Zeit, die Bestände auf ein in jeder Hinsicht erträgliches Maß zurückzuschrauben. Es darf nicht sein, dass Sauen in Bodenbrüterschutzgebieten die Schutzziele in Frage stellen, in der Landwirtschaft fast ruinöse Schäden für den betroffenen Jagdpächter anrichten und die ohnehin angeschlagenen Niederwildbesätze noch weiter in Bedrängnis bringen. Hinzu kommt die Gefahr der Schweinepest, aktuell der sehr nahegerückten Afrikanischen Schweinepest. Ob diese Seuchen im Einzelfall von den Sauen ausgehen oder in den Ställen der Mastbetriebe bzw. dem internationalen Rohfleisch-Warentransport ihren Ursprung haben, sei dahingestellt. Das Maß ist jedenfalls voll!

Wir müssen dringend alle legalen effizienten Möglichkeiten nutzen, um die Sauen zu reduzieren. Hierzu gehören auch die wildbiologisch vertretbare Erlegung älterer Bachen sowie Saufänge. Dass das Hauptaugenmerk besonders den Frischlingen und Überläufern gelten muss, steht dazu in keinem Widerspruch. Zur Senkung der Zahl reproduzierender Frischlinge müssen wir vor allem „erlegungswürdige Mindestgewichte" endgültig ad acta legen.

einer bestimmten Trittsiegellänge und -breite Sauen unterschiedlichen Alters und unterschiedlicher Körpergröße zuordnen, sind dementsprechend mit äußerster Vorsicht zu genießen oder unbrauchbar. Ich erinnere mich in diesem Zusammenhang noch gut an eine Strecke, auf der ein drei- bis vierjähriger Keiler mit 83 Kilogramm und ein Überläuferkeiler (Zahnwechsel!) mit exakt 85 Kilogramm lagen.

Keiler und Bache kaum unterscheidbar

Die Länge der Schalenabdrücke starker Keiler erreicht etwa neun bis elf Zentimeter, die Breite sieben bis acht Zentimeter. Von Ausnahmefällen wie der Fährte eines kapitalen Bassen einmal abgesehen sind die Trittsiegel von Bachen und Keilern nicht zu unterscheiden. Allein ziehende starke Sauen sind gewöhnlich Keiler, stärkere Fähr-

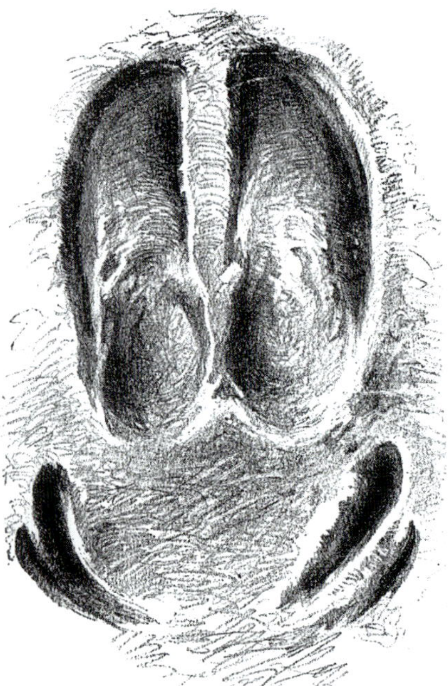

Trittsiegel eines Hauptschweins (~ 50 % natürliche Größe)

Fährtenbilder einer ziehenden (l.) und einer flüchtigen Sau

Malbaum mit teilweise abgescheuerter Rinde und Schlammspuren – ein ganz typisches Schwarzwildzeichen.

Allgegenwärtig sind mittlerweile solche unschönen Wühlschäden des Schwarzwildes im Grünland.

ten zwischen den Tritten von Frischlingen können naturgemäß der führenden Bache zugeordnet werden, sagen aber wenig bis nichts über ihr Alter aus.

ZEICHEN AUSSERHALB DER FÄHRTE

Sauen „kann man riechen". Der typische Maggi-Geruch ist liebstöckelartig und macht den Jäger bei gutem Wind frühzeitig auf steckende oder sich drückende Sauen aufmerksam. Weiterhin verfügt das sozial hoch organisierte Schwarzwild über ein umfangreiches Stimmrepertoire. Sie quieken, grunzen, schreien, blasen, brechen und schmatzen.

Typische Zeichen sind außerdem die Suhlen und Malbäume, Ruhe- und Wurfkessel, die unverwechselbaren Fraßbilder sowie der Keilerschaum zur Rauschzeit: ein schaumiger Speichel, der häufig in Knie- bis Hüfthöhe an Bäumen, oft an jüngeren Fichten oder Kiefern, abgestreift wird.

Mitunter richten sich die Keiler zum Schaummarkieren auch auf die Hinterläufe auf, um eine möglichst hohe Stelle zu erreichen. An den nach der Suhle genutzten Malbäumen können die Höhe des frischen Mals selbst, sowie später auch einzelne Borsten Auskunft über die ungefähre Körperhöhe des jeweiligen Stückes geben.

BEUTEGREIFER

KATZEN UND HUNDE

DER LUCHS

Die Spur des Luchses (*Lynx lynx* L.) führt über eine – wenn auch seltene – natürliche Zuwanderung, zum Beispiel aus Tschechien, Frankreich, der Schweiz oder Österreich, vor allem aber über die gezielte und außerordentlich erfolgreiche Wiedereinbürgerung der Großkatze im Harz zurück nach Deutschland. Wo findet er ausreichend große Lebensräume? Wo tritt er in Konkurrenz zu menschlichen Nutzungsinteressen? Fragen,

657 Rufe des Luchses

die aktuell von Wildbiologen, Jägern und anderen Naturschützern sowie Landwirten und Hobby-Tierhaltern diskutiert werden. Die Zeit wird uns zeigen, wo sich der Luchs langfristig wieder etablieren kann. Dass die diesbezüglichen Diskussionen bei weitem nicht so emotionsgeladen sind wie beim Wolf (s. S. 61), liegt zum einen an der vergleichsweise heimlichen Lebensweise des Luchses, zum anderen an geschichtlichen Daten, Fakten und Abläufen sowie den daraus resultierenden berechtigten oder unberechtigten Vorbehalten und Ängsten gegenüber dem Wolf.

BRANTENABDRUCK UND SPUR

Das katzenartige Trittsiegel des etwa rehgroßen Luchses ist schon aufgrund seiner Größe und der nicht abgedrückten Krallen mit kaum einer anderen Raubwildspur – allenfalls mit der eines großen Hundes – zu verwechseln. Der unbehaarte Sohlenballen wirkt umgekehrt herzförmig, die vier halbkreisförmig vorgelagerten und ebenfalls kahlen Finger- oder Zehenballen längsoval. Die Krallen bleiben in der Fortbewegung (außer beim Klettern) in Hauttaschen zurückgezogen und drücken sich auch in weicher Erde oder Schnee nicht ab. Das einzelne Trittsiegel des Luchses wirkt rund, im Schnee kann die Spur durch die stark behaarten Branten (nicht die Ballen!) stärker als auf anderem Untergrund wirken. Im Normalfall wird der kleinere Hinterfuß in den Abdruck des größeren Vorderfußes gesetzt (Schlosstritt). Bei sehr langsamer Fortbewegung, im Schleichen oder Pirschen oder aber in sehr schneller Gangart sind – wie bei allen Haarwildarten – die Abdrücke aller vier Läufe zu sehen. Im Ziehen

Der Brantenabdruck des Luchses (l. Vorderbrante, r. Hinterbrante)

oder Gehen stehen die Trittsiegel fast in einer Linie und wirken geschnürt ohne Schrank. Beim Schleichen oder Pirschen erscheint die Spur deutlich geschränkt.

DER RISS

Neben der Spur und Losung geben die Rissbilder der Raubwildarten meist deutliche Hinweise auf den Verursacher. Der Luchs tötet seine Beutetiere

Spurbilder des Luchses: Schlosstritt (l.) und flüchtig

MASSE BRANTENABDRUCK UND SPUR

Brantenabdruck Adulte (L x B, Kuder > Kätzin)	ca. 7–9 x 7–9 cm
Schrittlänge Adulte	
langsame Gangart	ca. 80 cm
Schneller Trab	120–150 cm
Sprung	bis 700 cm

durch gezielte Bisse in die Drossel und den weiteren Kehlbereich. Die Beute zeigt also (relativ geringe) Verletzungen im Bereich der Drossel und – allerdings nicht obligatorisch – Krallen- oder Kratzspuren am Wildkörper, die durch die Decke bis ins Fleisch reichen. Der Luchs frisst meistens zuerst die Keulen seiner Beute, die ganz überwiegend aus Schalenwild, besonders Reh- und Gams- sowie, falls vorkommend, Muffelwild besteht. Die einzige Großkatze Europas bevorzugt offenbar Muskelfleisch, während sie die Innereien eher verschmäht. Bis zu welchem Grade aber der Luchs seine Beute nutzt, hängt einerseits von der Dichte seiner Beutetiere ab, vom Nahrungsangebot also, andererseits von eventuellen Störungen am Riss. Bei kompletter Ausnutzung bleiben meist nur das Skelett, der Verdauungstrakt sowie Haupt und Decke zurück. Nicht selten de-

Rehe sind die Hauptbeute des Luchses. Er tötet sie durch Bisse in den Drosselbereich.

cken Luchse ihren Riss mit Schnee, Erde oder Laub ab, um später zum Kadaver zurückzuzukehren.

DIE LOSUNG

Die Losung des Luchses riecht wie Raubkatzendung, dessen Geruch wir zumindest aus Zoos oder Wildparks kennen. Die etwa zweieinhalb bis drei Zentimeter großen, dunklen und rundlichen Würste enthalten im Normalfall reichlich Schalenwildhaare, aber keine pflanzlichen Reste. Sofern ungestört, verscharren Luchse mitunter ihre Losung in Katzenmanier.

DIE WILDKATZE

Obwohl noch immer regional begrenzt, sind die Vorkommen der Wildkatze (*Felis sylvestris* SCHREBER) in Deutschland langfristig gesichert und tendenziell steigend. Außerhalb der Alpen leben in einigen Mittelgebirgen sowie weiteren ausgedehnten Waldgebieten wieder ausreichend große und vitale Populationen der Wildkatze. Dennoch gilt es in Wildkatzengebieten wegen der möglichen Verwechslungsgefahr, graue und vermeintlich streunende Hauskatzen nach wie vor zu schonen.

TRITTSIEGEL UND SPUR

Wie beim Luchs sind in der Spur der Wildkatze die Kralleneindrücke nicht zu sehen. Die scharfen Krallen sind in Hauttaschen zurückgezogen und werden nur beim Angriff, in Abwehrhaltung, beim Klettern oder beim Spiel mit der Beute eingesetzt.

Das einzelne Trittsiegel zeigt die für Katzen charakteristische runde, geschlossene Form. Den Sohlenballen sind an Vorder- und Hinterbrante jeweils vier längsovale und deutlich umrissene Ballen im Halbkreis, aber mit deutlich sichtbaren Zwischenräumen, vorgelagert. Sämtliche Ballen sind unbehaart. Die dreieckig wirkenden Sohlenballen sind an der breiten Rück-

Die Brantenabdrücke der Wildkatze (o. Vorderlauf, u. Hinterlauf)

seite dreigelappt. Obwohl die Wildkatze an der Vorderbrante fünf Zehen hat, drücken sich im Trittsiegel nur vier ab. Der verkürzte Daumen erreicht den Boden nicht.

Ein besonderes Merkmal ist der sogenannte Mondring: Beim Trab tritt der Hinterfuß leicht versetzt in den Abdruck des Vorderfußes. Weil dabei die hinteren Zehenballen in die Zwischenräume der vorderen Zehen- oder besser Fingerballen treten können, entsteht vor dem Sohlenballen ein fast geschlossener Halbring aus mehreren Ballenabdrücken.

Die spezifische Belastung der Sohlen pro Flächeneinheit ist bei der Wildkatze deutlich höher als beim Luchs. Durch ihre kurzen Läufe ist die Wildkatze daher schon bei relativ geringen Pulverschneelagen ab etwa 20 bis 25 Zentimeter in ihren Fortbewegungsmöglichkeiten eingeschränkt. Die jeweiligen Schneehöhen sind folglich entscheidend für die winterlichen Aktivitäten der Wildkatze.

MASSE BRANTENABDRUCK UND SPUR

Brantenabdruck Adulte (L x B, Kuder > Kätzin)	ca. 4,5 x 4–4,5 cm
Schrittlänge Adulte	
Gehen	ca. 25 cm
Trab	35–50 cm
Galopp	80–100 cm
Sprung	über 200 cm

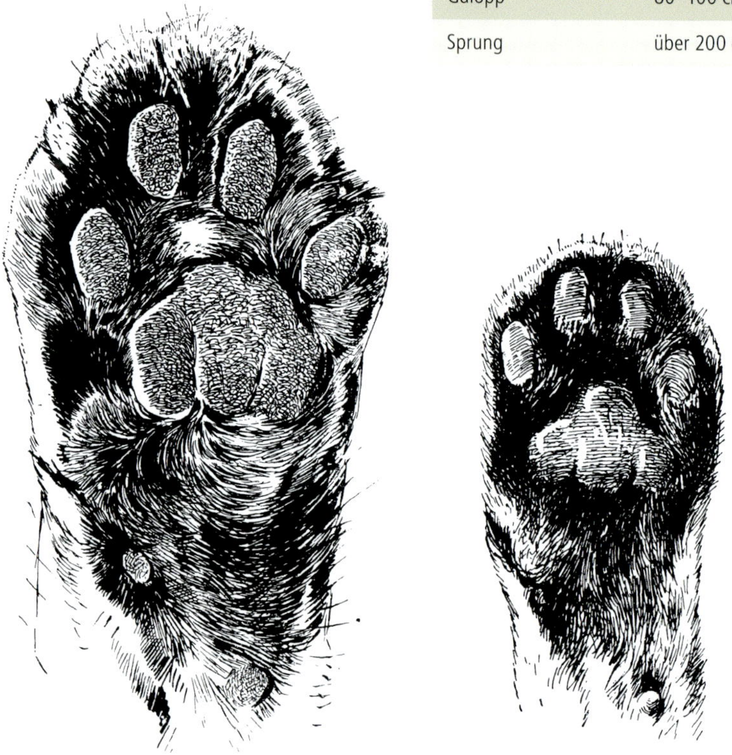

Brantensohlen des Vorderlaufs von Wildkatze (l.) und Hauskatze (natürliche Größe)

WILD- UND HAUSKATZE – DIE UNTERSCHEIDUNG FÄLLT SCHWER

Die Pfotenabdrücke der Wildkatze unterscheiden sich von denen einer ganz normalen Hauskatze (Hofkatze, Bauernkatze) tendenziell nur durch ihre Größe. Sie sind durchschnittlich etwa einen Zentimeter länger und breiter. Angesichts der kaum noch überschaubaren Rassen- und Mischlingsfülle bei den Hauskatzen ist dieses Merkmal im Zweifel aber nicht zuverlässig. So gibt es inzwischen auch in Deutschland gehaltene Hauskatzenrassen, die sogar deutlich größer als die Wildkatze sind. Die Unterscheidung anhand der Trittsiegel ist dann entsprechend schwierig beziehungsweise unmöglich.

Ähnliches gilt für die rein optische Unterscheidung von wildfarbenen Hauskatzen, Blendlingen (Bastarden) und Wildkatzen. Ohne auf signifikante Unterschiede in der Morphologie von Wild- und Hauskatze näher einzugehen, sei an dieser Stelle bemerkt, dass der so genannte „Brandtsche Sohlenfleck" oder verlängerte Haare am oberen Rand der Ohrmuschel zur zweifelsfreien Ansprache einer Wildkatze ungeeignet sind. In Verbreitungsgebieten der Wildkatze tut der Jäger also allein aus rechtlichen Gründen gut daran, in fraglichen Fäl-

658 Rufe der Wildkatze

Die Spur der trabenden (l.) und flüchtigen (M.) Wildkatze und der trabenden Hauskatze (r.)

len Zurückhaltung zu üben. An der darüber hinaus bestehenden Notwendigkeit, verwilderte oder streunende Hauskatzen bei jeder sich bietenden legalen Möglichkeit in freier Wildbahn zu erlegen, hegen selbst eingefleischte aber klar denkende Tierschützer längst keine Zweifel mehr.

DER ROTFUCHS

In zahlreichen Niederwildrevieren zählt die Spur des Fuchses (*Vulpes vulpes* L.) – gemeinsam mit der Rehwildfährte – mittlerweile leider zu den häufigsten „Wildspuren" auf Wegen, Pässen und in der „Neuen". Ähnlich wie beim Schwarzwild (s. S. 42) sind die Hauptgründe für diese Entwicklung in veränderten menschlichen Landnutzungsformen, einem offenbar erhöhten Nahrungsangebot in der Kulturlandschaft sowie in der extremen Anpassungsfähigkeit Reinekes und seinem erstaunlich hohen Reproduktionspotenzial zu suchen. Sein Anpassungsvermögen äußert sich nicht zuletzt in der fortschreitenden Besiedlung von Großstädten.

659 Warnlaut des Rotfuchses

Die Fuchsstrecke in Deutschland schwankte in den Jagdjahren von 2010/11 bis 2020/21 zwischen knapp 570 000 und gut 380 000 Rotröcken. Über die tatsächlichen Populationszahlen der Füchse jedoch sagen uns diese Zahlen wenig bis gar nichts. Regionale Seuchenzüge der Räude und Staupe, unterschiedliche Schneedecken sowie annähernd schneelose Winter (2014/15!) und eine gewisse „Meldefaulheit" zahlreicher Jäger allein sorgen für spürbare Schwankungen. Fakt ist und bleibt, dass wir die jährlich reproduzierenden Stammbesätze mit jagdlichen Mitteln bisher nicht erreichen. Ein einfaches Rechenbeispiel: Hätten die gut 403 000 Jäger in Deutschland (Stand 2021) jeweils nur einen Fuchs mehr oder überhaupt mal einen Fuchs erlegt – was ohne große Anstrengungen möglich wäre – hätten sie die Strecke aus dem Jagdjahr 2013/14 mit 380 691 gemeldeten Individuen bereits deutlich mehr als verdoppelt! Im Sinne der Seuchenhygiene sowie der Niederwildhege und des allgemeinen sowie speziellen Artenschutzes muss die Bejagung des Fuchses in Deutschland daher dringend und deutlich intensiviert werden.

Jungfüchse. Die aktuelle Bejagung reicht nicht aus, um die Besätze nachhaltig abzusenken.

BRANTENABDRUCK UND SPUR

Die Fußsohle des Fuchses zeigt zunächst den Mittel- oder Sohlenballen. Diesem seitlich vorgelagert sitzen die Ballen der Außenzehen, des zweiten und fünften Strahls. Die Spitzen dieser Außenzehenballen erreichen etwa das hintere Ende der Mittelzehenballen oder liegen sogar leicht dahinter.
Die vorgeschobenen Mittelzehenballen liegen ihrerseits recht dicht zusammen, und ihre Gesamtbreite entspricht etwa

MASSE BRANTENABDRUCK UND SPUR

Brantenabdruck Adulte (L x B)	ca. 4–9 x 4–4,5 cm
Schrittlänge:	
langsame Gangart	20–25 cm
Schneller Trab	bis 30 cm

jener des Sohlen- oder Mittelballens. Sämtliche Finger- oder Zehenballen sind mit einer relativ gut ausgeprägten Kralle versehen, die in ihrer Gesamtheit die Grabfähigkeit des Fuchses gewährleisten. Die Ballen selbst sind kahl, die dichte Behaarung des Zwischenraums sorgt dafür, dass kein „Schmutz“ zwischen die Zehen gelangt und gewährleistet eine gute Isolierung. Die Vorderbranten sind größer und kräftiger als die Hinterbranten.
Das Trittsiegel des Fuchses erscheint seiner Sohle und der Anordnung der Ballen entsprechend länglich oval. Im nicht zu tiefen, festen Schnee und in feuchtem Boden drücken sich vor den Ballen die Krallen ab, der Fuchs nagelt. Das Trittsiegel ist seiner längsovalen Form entsprechend länger als breit. Die Brantenabdrücke des Rüden sind durchschnittlich etwas stärker als die der Fähe, die Geschlechter am Trittsiegel allein aber nicht zu unterscheiden.

Schnüren – Trab – Flucht

Die Abdrücke der Hinterpfoten fassen im lockeren, langsamen „Trab“ in jene der Vorderpfoten, und die Trittsiegel erscheinen nur minimal geschränkt, wie „an der Schnur gezogen“ – der Fuchs schnürt. Bei langsamer Flucht stehen jeweils zwei Trittsiegel leicht versetzt nebeneinander, in hoher Flucht gleicht die Fuchsspur der typischen Hasenspur mit vier Tritten. Die Hinterbranten überholen dabei im Sprung die Vorderen und drücken sich vor diesen ab. Bei mittleren und höheren Schneelagen finden sich vor den Trittsiegeln Schleifspuren der Branten- oder Laufvorderseiten sowie in der Mitte die der Lunte.

Der Brantenabdruck des Rotfuchses

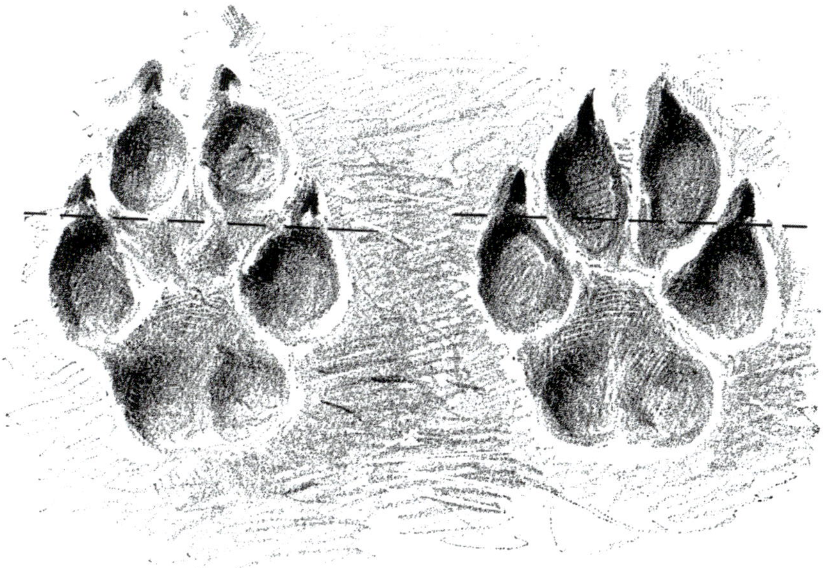

Brantenabdrücke Fuchs (l.) und Hund im Vergleich

Das Trittsiegel eines Hundes erscheint ungeachtet seiner Größe stets rundlicher. Die Spitzen der Außenzehenballen reichen deutlich sichtbar und seitlich über das Ende der Vorderzehenballen hinaus. Die Trittsiegel großer Hunde sind weiterhin bedeutend größer, die Schrittweite ebenfalls.

LOSUNG UND LAUTÄUSSERUNGEN

Die Losung des Fuchses ist im Normalfall schmal walzenförmig und an einem Ende spitz und gedreht ausgezogen. Füchse lösen sich häufig sehr auffällig auf erhöhten Strukturen wie Steinen, Maulwurfshaufen, umgestürzten Bäumen und Baumstümpfen sowie auf Wegen und Bänken. Besonders zur Ranzzeit ist das heisere Bellen zu hören, das nicht sehr laut, aber trotzdem weit hörbar ist. Welpen nutzen das Bellen als Kontaktruf. Altfüchse warnen ihre Jungtiere mit einem lauten und langgezogenen Bellen, das etwas an das Schrecken des Rehwildes erinnert. Weiterhin keckern, winseln und kreischen Füchse bei sozialen Begegnungen im Spiel oder Kampf.

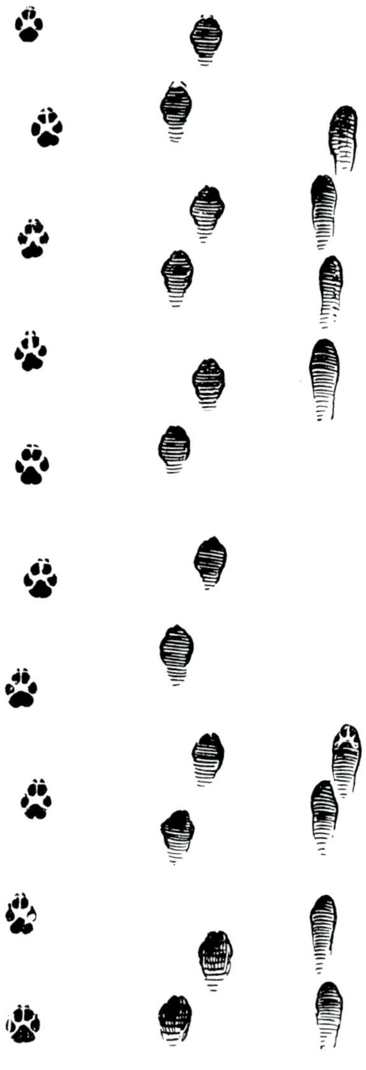

Spurbilder des Fuchses: Trab (schnürend), leicht flüchtig, hochflüchtig (von l. nach r.)

DER FUCHSBAU

Auch wenn Füchse speziell außerhalb der Ranz weit weniger häufig bis äußerst selten im Bau stecken als angenommen, verraten seine unterschiedlichen Bauanlagen Reinekes Anwesenheit. Die plattgetretenen Spielplätze und Nahrungsreste vor den Einfahrten kennzeichnen die Wurfbaue. Füchse gelten allgemein und völlig zurecht als grabfaul und nutzen häufig gemeinsam mit dem Dachs dessen Bauanlagen oder Burgen sowie weitere sich bietende Möglichkeiten (Wegedurchlässe, Drainageröhren, Heu- und Strohballenmieten etc.).
Der Dachsbau ist durch eine deutlich sichtbare Rinne vor den Einfahrten,

Fähe mit einem Welpen vor dem Wurfbau

die beim Reinigen der Baue oder weiterem Aufgraben der Röhren entsteht, vom Fuchsbau leicht zu unterscheiden (Dachsrinne). Trittsiegel vor den Einfahrten sowie frische, runde Liege- und Sonnplätze auf dem Bau – bei Schnee besonders gut sichtbar – zeugen ebenso von Reinekes Präsenz wie sein unverwechselbarer, penetranter Geruch.

DER WOLF

Mit dem Braunbären und dem Luchs zählt der Wolf (*Lupus canis* L.) zu den letzten drei Großraubwildarten Europas. Einst mit allen Mitteln verfolgt und letztlich ausgerottet, schickt sich Isegrim als streng geschützte Tierart nun an, auch in Deutschland ehedem verlorenes Terrain wieder zu besiedeln. Was im Jahr 2000 in der sächsischen Lausitz mit der ersten Rudelgründung seit 150 Jahren begann, entwickelt sich seither zu einer rasanten Wiederausbreitung des Wolfes in Deutschland. Im Monitoringjahr 2020/21 lebten bereits 161 Rudel, 43 Wolfspaare sowie 21 sesshafte Einzelwölfe in Deutschland. Die Hauptverbreitungsgebiete liegen in Sachsen, Brandenburg, Sachsen-Anhalt und Niedersach-

660 Heulen des Wolfsrudels

sen. Immer neue und zahlreiche Beobachtungen von Einzeltieren in bisher nicht besiedelten Landkreisen deuten unzweifelhaft darauf hin, dass die Zahl der bestätigten Rudel weiterhin rasch wachsen wird.
Die damit verbundenen Probleme und Konfliktpotenziale – insbesondere hinsichtlich der Übergriffe auf landwirtschaftliche Nutztiere, vor allem Schafe – sind hinreichend bekannt. Folglich stellt sich nicht mehr die Frage, ob der Wolf in absehbarer Zeit auch in Deutschland wieder angemessen und planmäßig bejagt werden muss, sondern wann ...

BRANTENABDRUCK UND SPUR

Als Stammform aller Haushunderassen zeigt auch die Sohle des Wolfes einen Sohlen- oder Mittelballen und vier vorgelagerte Zehenballen mit nicht einziehbaren Krallen. Die Länge des Trittsiegels der Vorderläufe und der Hinterläufe variiert in Abhängigkeit vom Geschlecht und Alter sowie der individuellen Stärke. Der polnische Wolfsexperte HENRYK OKARMA gibt Trittsiegellängen bis 13,7 Zentimeter an. Zwar leben Wölfe „auf großem Fuß", doch dürften derartige Maße meiner eigenen Erfahrung nach nur auf extrem starke Rüden zutreffen. Das Trittsiegel adulter Wölfe in Mitteleuropa liegt jedoch regelmäßig nicht unter 8 bis 8,5 Zentimeter Länge.
Die Pfotenabdrücke der Wölfe sind durchschnittlich zwar größer als jene der gängigen größeren Hunderassen, dennoch sind sie von den Spuren wirklich großer Hunde nur äußerst schwierig zu unterscheiden. Die beiden Mittelzehen sind beim Wolf leicht vorge-

Vorderer (o.) und hinterer (u.) Brantenabdruck des Wolfs

schoben, weshalb das Trittsiegel des Wolfes insgesamt eher etwas oval oder langgestreckt erscheint, das der Hunde mehr rund. Im schnellen Lauf, im Galopp auf der Flucht oder Hetze, drücken sich die Hinterbranten vor jenen der Vorderläufe ab. Wie der Fuchs „schnürt" auch der Wolf im lockeren Trab. Dabei setzen die Grauhunde die Pfoten der Hinterläufe in jene der Vorderläufe derselben Körperhälfte. In dieser Gangart überwinden Wölfe regelmäßig weitere Distanzen. Nur wenige Hunderassen dagegen „schnüren" tatsächlich über längere Strecken.

RISS UND LOSUNG

Die Anwesenheit eines Wolfes im Revier wird uns auch durch die Risse bzw. die Reste der gerissenen, im jeweiligen Gebiet vorkommenden Schalenwildarten bestätigt. Im Normalfall töten Wölfe durch einen gezielten Biss in die Drossel, seltener in den Nacken. Schwächeres Schalenwild oder Schaflämmer werden mitunter über den Rücken gefasst. Von ihren Beutetieren hinterlassen Wölfe (sofern ungestört) meist nur das Haupt, die Wirbelsäule und Extremitätenknochen sowie etwas Haut. Wölfe können jedoch auch starke Knochen zerbrechen, so dass gerade juvenile Beutetiere wie Kälber und Frischlinge im wahrsten Sinne des Wortes „mit Haut und Haar" (und

MASSE BRANTENABDRUCK UND SPUR

Brantenabdruck Adulte (L x B)	
Vorderlauf	10–11 x 8-9 cm
Hinterlauf	8,5–10 x 6,5–8
Schrittlänge Adulte im Trab	ca. 100 cm

Knochen) komplett aufgenommen werden können.

Die sichere Zuordnung einzelner Risse erweist sich mitunter jedoch als schwierig und geschieht behördlicherseits meist durch eine DNA-Untersuchung. Stets empfiehlt es sich daher, die nähere Umgebung nach weiteren Hinweisen, beispielsweise Losung, Trittsiegeln und Haaren abzusuchen. Die Wolfslosung ist meist reichlich mit den Haaren der

Rissfunde eindeutig dem Wolf zuzuordnen, ist nicht immer leicht.

Beutetiere durchsetzt. Das Gros des Beutespektrums entfällt auf die hirschartigen, also geweihtragenden Schalenwildarten sowie auf Muffelwild (s. S. 33). Ausgewachsenes Schwarzwild dagegen wird selten angegriffen. Die potenziellen Beutetiere reagieren auf die Anwesenheit von Wölfen (und Luchsen) mit vermehrter Scheu und zunehmender Heimlichkeit sowie mit Einstandswechseln.

DER MARDERHUND

Die ursprüngliche Heimat des etwa fuchsgroßen Marderhundes oder Enok (*Nyctereutes procynoides* GRAY) aus der Familie der Caniden (Hundeartigen) liegt in Ostasien und erstreckt sich etwa von Ostsibirien über die Mandschurei bis Nordvietnam und Japan. Seit 1928 wurden im europäischen Russland Marderhunde zur

Bereicherung der dortigen Pelztierfauna ausgesetzt und in Farmen gehalten. Von dort aus verbreitete sich der Enok über Ost- nach Nord- und Mitteleuropa. In Deutschland zählt der Marderhund längst zu den invasiven Neozoen, also zu den stark in Ausbreitung begriffenen, ehemals nicht heimischen Arten, die das Artengefüge der heimischen Ökosysteme negativ beeinflussen können. Gemäß der Berner Konvention sollen diese Arten einer strengen Kontrolle unterliegen sowie reduziert und – sofern machbar – getilgt werden.
Dass solches Ansinnen in Deutschland nicht mehr möglich ist, zeigt beim Enok die Entwicklung der Jahresjagdstrecken. Während die bundesweite Strecke im Jagdjahr 1995/96 lediglich 398 gemeldete Marderhunde umfasste, wuchs sie bis 2007/2008 kontinuierlich auf über 35 000. Dem folgte zwar ein staupe- und räudebedingter Einbruch der Populationen, doch stiegen seit 2011 die Zahlen wieder erneut steil auf 33 010 Enoks in 2020/21 an.

BRANTENABDRUCK UND SPUR

Die Fußsohle des Marderhundes weist wie die des Fuchses und Hundes an Vorder- und Hinterbranten jeweils einen Sohlenballen sowie zwei Außen- und zwei Mittelzehenballen mit Krallen auf. Die Anordnung unterscheidet sich jedoch deutlich. Die vier Zehenballen stehen regelmäßig gespreizt und fächerförmig vor dem Sohlenballen. Das Trittsiegel erscheint dadurch noch runder als das des Hundes und beschreibt im Umriss fast einen Kreis, ist tatsächlich aber etwas breiter als lang. Die Länge des Trittsiegels beträgt etwa

Die Brantenabdrücke des Marderhunds: o. Vorderlauf, u. Hinterlauf

vier bis fünf Zentimeter, seine Breite durchschnittlich fünf bis sechs Zentimeter. Die Abdrücke der Hinterpfoten sind kleiner als die der Vorderen, das Trittsiegel des Rüden durchschnittlich stärker als das der Fähe. Die Geschlechter sind am Trittsiegel allein jedoch nicht zu unterscheiden. Die Enokspur zeigt im Trab einen größeren Schrank als der schnürende Fuchs. Die weiteren Gangarten hinterlassen jeweils zwei oder drei Tritte links und rechts einer gedachten Mittellinie,

Tritt des Enoks mit eingewehtem Sand. Typisch ist die Anordnung der Zehen.

Spurbilder des trabenden (l.) und des „bummelnden" Marderhunds

die Fluchtspur zeigt wie die des Fuchses „Hasencharakter". Bei höheren Schneelagen schleift in der Mitte des Spurbildes die Lunte.

SONSTIGE ZEICHEN

Die fast ausschließlich nachtaktiven Tiere graben zwar auch selbst Baue, beziehen oder übernehmen aber bevorzugt und mehrheitlich Fuchs- oder Dachsbaue. In feuchten Lebensräumen werden Schilf- oder Reisignester angelegt, in denen auch die Welpen geboren werden. Über die Lautäußerungen ist wenig bekannt, Enoks gelten als relativ „stumm". Im Revier werden sogenannte Latrinenplätze angelegt, die einerseits dem Funktionskreis der Territorialität zugeordnet werden, andererseits aber weitere soziale Bedeutung zu haben scheinen.

ÖKOLOGISCHE BEDEUTUNG UND JAGD

Der Enok hält in seinem ursprünglichen Verbreitungsgebiet – ähnlich wie der Dachs – eine Winterruhe, die aber mehrfach von Aktivitätsphasen unterbrochen wird. In den sehr milden mitteleuropäischen Wintern dürfte diese Winterruhe aber häufig beziehungsweise regelmäßig teilweise oder ganz entfallen. Die zurückliegende und aktuelle expansive Verbreitung der Art wirft etliche ökologische und jagdpraktische Fragen auf. Fest steht, dass der Enok in Mitteleuropa keine freie ökologische Nische oder „Rolle" im Beziehungsgefüge der autochthonen Beutegreifer besetzt. In einigen Teilen Nordost-Finnlands hat der scheinbar konkurrenzstärkere Marderhund den Rotfuchs weitgehend verdrängt. Aus Sicht der Seuchenhygiene, der Niederwildhege und des allgemeinen Artenschutzes, speziell im Segment der Bodenbrüter, sollte der Enok wie der Fuchs unter voller Ausschöpfung der jagdrechtlichen Vorgaben intensiv bejagt und bei jeder sich bietenden Möglichkeit tierschutzgerecht erlegt werden.

KLEINBÄREN UND MARDER

DER WASCHBÄR

Mit dem Marderhund und dem Mink zählt der Waschbär (*Procyon lotor* L.) zu den Neubürgern (Neozoen) im Faunensegment der Beutegreifer. Er zählt zur Familie der Kleinbären und stammt ursprünglich aus Nordamerika. Zwischen 1927 und 1934 wurde er in Deutschland als vermeintliche Bereicherung der heimischen Fauna und aus jagdlichem Interesse aktiv

ausgesetzt. Hinzu kamen entwichene Exemplare aus Pelztierfarmen, zoologischen Gärten und Wildparks. Heute ist der Waschbär über ganz Deutschland und Mitteleuropa weit verbreitet und nutzt wie seine nordamerikanischen Artgenossen längst auch menschliche Siedlungen und Großstädte. Vor allem im hessischen Kassel sind die „Stadtbären" seit vielen Jahren ein ernst zu nehmendes Problem. Doch rücken Disneys „Panzerknacker" in weitere Großstädte nach und können dort zur Plage werden. Im Jagdjahr 2012/13 erreichte die bundesweite Jagdstrecke mit 104 372 Stück erstmals den sechsstelligen Bereich, um 2019/20 und 2020/21 mit 202 293 und 200 163 gemeldeten Waschbären neue Rekordniveaus zu erreichen. Zum Vergleich: Noch 1995/96 wurden lediglich 3 346 Stück erlegt; mithin eine Steigerung auf gut 6 000 und 5 700(!) Prozent in 25 Jahren. Ein Ende dieser expansiven Ausbreitung ist jedoch nicht in Aussicht.

BRANTENABDRUCK UND SPUR

Anders als bei den übrigen besprochenen Raubwildarten unterscheiden sich die nackten Sohlen und Trittsiegel der Vorder- und Hinterläufe des Waschbären deutlich voneinander und machen die Spur des Sohlengängers

661 Laute des Waschbären

unverwechselbar. Die Hinter- und Vorderbranten zeigen fünf Zehen beziehungsweise Finger, die sich bei weichem Boden inklusive der zugehörigen Krallen im Trittsiegel abdrücken. Die Tritte der Vorderbranten wirken durch die relativ langen Finger – Waschbären können gut greifen – wie kleine Hände. Die Abdrücke der Hinterbranten erwecken den Eindruck von Kinderfüßen. Durch seine langen Hinterläufe erscheint der Waschbär hinten

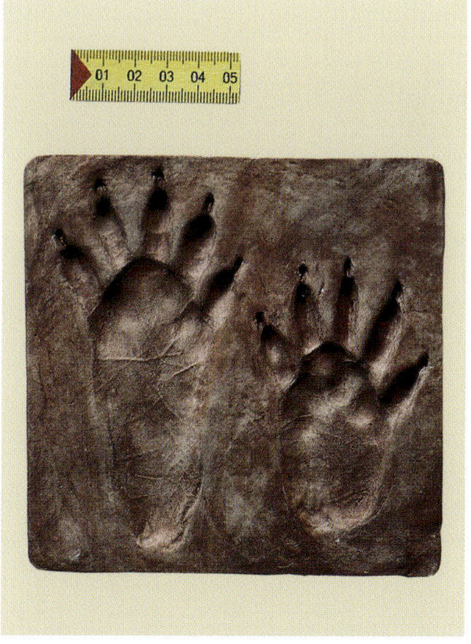

Brantenabdrücke des Waschbären: l. Hinterlauf, r. Vorderlauf

leicht überbaut. Im Vergleich zu anderen Beutegreifern wirkt die Fortbewegung vergleichsweise schwerfällig und wenig elegant.
Im Passgang drücken sich die Vorder- und Hinterbranten einer Körperseite hintereinander ab. Dabei stehen dem Trittsiegel der linken Hinterpfote das der rechten Vorderpfote und dem der linken Vorderpfote das der rechten Hinterpfote direkt oder leicht versetzt gegenüber. Im Dreisprung oder Dreitritt liegen die Vorderbranten nebeneinander, die Hinterbranten fassen ineinander oder kurz hintereinander. In schneller Flucht greifen auch beim Waschbären die Hinterläufe vor die Vorderläufe und die jeweiligen Abdrücke stehen fast parallel zueinander.

Spurbilder des Waschbären: Passgang (l.), Dreitritt (Mitte) und Flucht

MASSE BRANTENABDRUCK UND SPUR

Brantenabdruck Adulte (L x B)	
Vorderbranten	ca. 7 x 5–5,5 cm
Hinterbranten	ca. 9 x 5 cm
Schrittlänge Adulte:	
Passgang	30–35 cm
Dreitritt	bis 40 cm
Sprung (Flucht)	50–60 cm

SONSTIGE ZEICHEN

Die Losung des Allesfressers ist durch die verschiedenartige Konsistenz nicht immer eindeutig zuzuordnen. Unzweifelhafte Hinweise geben hingegen die Latrinen in der Nähe des Verstecks, zum Beispiel auf Schlafbäumen, Scheunen- oder Dachböden sowie gelegentlich auf Hochsitzen. Waschbären beziehen häufig Baumhöhlen. Die Kratzbeziehungsweise Kletterspuren an der Rinde der Ruhebäume belegen die Anwesenheit des Kleinbären.

ÖKOLOGIE UND JAGD

Hinsichtlich des Lebensraumes sind Waschbären in höchstem Maße anpassungsfähig. Sinkt die Temperatur im Winter dauerhaft unter null Grad Celsius, fällt der Waschbär in eine Winterruhe, die bei milderen Temperaturen wie beim Marderhund und Dachs unterbrochen wird.
Waschbären klettern extrem gut. Durch seine schmalen und langfingrigen „Hände" ist es ihm möglich, in schmalen Spalten und Baumhöhlen nach Beutetieren und Eiern zu greifen. Eine Fähigkeit, die kein heimischer Beutegreifer zuvor hatte! Zwar ist der Waschbär ein opportunistischer Allesfresser, doch darf der tierische Anteil auf seinem Speiseplan im Zweifel nicht unterschätzt werden. Vor allem Eier und Jungvögel fast sämtlicher Boden-, Baum- und Höhlenbrüter sind bei Gelegenheit eine begehrte Beute. Auch Sicht des Artenschutzes sollte also auch der Waschbär intensiv bejagt werden. Die effizienteste Methode ist angesichts der ganz überwiegend dämmerungs- und nachtaktiven Lebensweise zweifelsohne die Fangjagd.

Mit ihren „langen Fingern" können Waschbären ausgesprochen gut klettern.

DER DACHS

Auch wenn exakte und flächendeckende Zahlen zum Dachs (*Meles meles* L.) noch immer fehlen, können wir mit höchster Wahrscheinlichkeit davon ausgehen, dass aktuell in Deutschland mehr Dachse leben als jemals zuvor. Seit Jahrzehnten befinden sich die Populationen des größten heimischen Marders im Aufwind. In vielen Revieren, in denen seit Menschengedenken keine Dachse mehr vorkamen, sind sie heute Normalität und dort, wo sie revierübergreifend schon immer eine Heimstatt fanden, sind ihre Besätze zumindest stabil, häufig aber deutlich steigend, was im Kontext der Territorialität der Art letztlich die Triebfeder der fortschreitenden Ausbreitung Grimbarts ist.

BESTANDSENTWICKLUNG

Durch seine ganz überwiegend nächtlichen Aktivitätsphasen entstehen regelmäßig weitgehend unzutreffende Einschätzungen zur Häufigkeit und Verbreitung des Dachses. Auch wenn Streckenstatistiken sicher nicht vorbehaltlos auf Populationsentwicklungen übertragen werden können, so geben sie beim Dachs doch sichere Hinweise auf die aktuelle Entwicklung der Dachsvorkommen: Die Dachsstrecken haben sich bundesweit in den Jagdjahren von 1993/94 mit 19 628 gemeldeten Exemplaren bis 2020/21 auf 86745 Stück weit mehr als vervierfacht. Angesichts der Tatsache, dass nur die allerwenigsten Jäger gezielt und intensiv auf Grimbart jagen, dürften die Populationen im Verhältnis mindestens(!) um eben diesen Faktor angestiegen sein. So trägt mittlerweile auch der Dachs zum stetig wachsenden Druck auf bodenbrütende Arten in relativ hohem Maße bei.

LEBENSRÄUME

Ideale Lebensräume des Dachses sind die Laubmischwälder der Ebene und Mittelgebirge. Insgesamt erweist sich Grimbart aber als recht anpassungsfähig und gehört mittlerweile auch in zahlreichen relativ wenig oder nur partiell bewaldeten Revieren des Offenlandes zum Standwild. Längst sind seine Burgen hier und dort auch in Feldgehölzen, breiten Hecken und Bahndämmen zu finden. Erste Prämisse ist die Grabfähigkeit des Bodens. Sümpfe und Moore, Bruchwälder und staunasse oder grundwassernahe Standorte sind naturgemäß ungeeignet.

BRANTENABDRUCK UND SPUR

Die Sohlen der Dachsbranten zeigen fünf Zehen- beziehungsweise Fingerballen, die dem dreigelappten Mittelballen in einem nur flach gekrümmten

662 Drohlaute des Dachses

Bogen vorgelagert sind. Dahinter sitzt der Fersenballen des Sohlengängers. Die Vorderbranten verfügen über stark ausgebildete lange Krallen (Grabkrallen) und sind stärker als die kürzer „bekrallten" hinteren Branten.
Das Trittsiegel des Dachses zeichnet sich unter anderem durch die fast immer abgedrückten, zumindest aber in der Spitze angedeuteten Krallen der

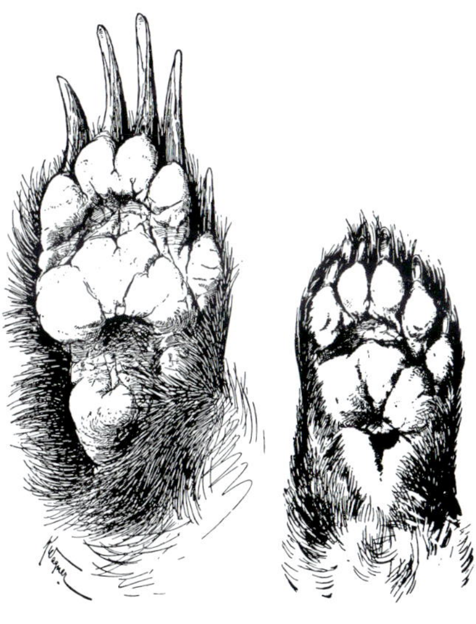

Brantensohlen des Dachses: Vorderbrante mit Grabkrallen (l.) und Hinterbrante (~50% der natürlichen Größe)

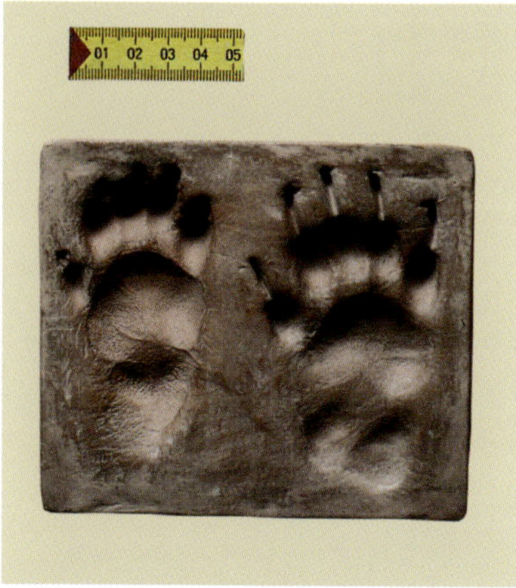

Der Brantenabdruck des Dachses (r. Vorderbrante, l. Hinterbrante)

Vorderpfoten aus. Dachse „nageln" folglich viel deutlicher als andere Raubwildarten – ein immer wiederkehrendes Element einer jeden Jägerprüfung zwischen Flensburg und Berchtesgaden. In lockeren und weichen Böden oder im Schnee wird die Dachsspur darüber hinaus durch die deutlich abgedrückten fünf(!) Zehenballen charakterisiert. Auf härterem Untergrund dagegen wird die schwächere Innenzehe mitunter nur leicht oder gar nicht abgedrückt. Ein weiteres charakteristisches Merkmal der Dachsspur, das meines Erachtens oft zu wenig Beachtung in der Spurenkunde findet, ist die Tatsache, dass das Trittsiegel zumindest der Vorderbranten ohne die Krallen und den nur selten abgedrückten Fersenballen in aller Regel breiter als lang ist. Ein Merkmal, das sonst nur auf die Vordertatzen des Bären oder auf den Luchs zutrifft. Fasst man alle Anhaltspunkte zusammen, so ist die Dachsspur eines jener Tierzeichen, die auch naturinteressierten Kindern oder Neulingen „in der Spur" schon bald völlig vertraut und bekannt sein werden. Insgesamt erinnert die Spur des Dachses an die eines kleinen Bären.

Die Schrittlänge des kurzläufigen Grimbarts ist im Verhältnis zu seiner Kopf-Rumpf-Länge gering und misst im Gehen nur etwa 25 bis 40 Zentimeter. Häufig wird der Hinterfuß ganz oder teilweise in die Trittsiegel des Vorderfußes derselben Körperseite gesetzt. Weitere Fortbewegungsarten sind der Trab, der Galopp oder (sehr selten) der Sprung.

MASSE BRANTENABDRUCK UND SPUR

Brantenabdruck Adulte Vorderbrante ohne Fersenballen (L x B)	ca. 5 x 5–6 cm
Schrittlänge Adulte:	
langsame Gangart	25–40 cm
Trab, Galopp und Sprung	bis zu 80–90 cm

SONSTIGE ZEICHEN

Neben den deutlich sichtbaren Dachsrinnen vor jeweils wechselnden Einfahrten der Burgen kennzeichnen mitunter auch die Dachstoiletten oder -abtritte den (befahrenen) Dachsbau. Dachse lösen sich in selbstgegrabene kleine Gruben in Baunähe, die Losung wird nicht abgedeckt. Weiter finden sich im Revier sogenannte Kotplätze, die offenbar der Territorialität, aber auch anderer sozialer Kommunikation dienen. Die Losung selbst (s. S. 154) ist mitunter breiig, ansonsten länglich walzenförmig und sie enthält häufig die unverdaulichen Chitinteile aufgenommener Insekten oder Pflanzenteile (Kerne, Samen usw.).

Spurbilder des vertraut trabenden (l.) und des flüchtigen Dachses

Die Rinne vor der Einfahrt ist ein Kennzeichen des Dachsbaus.

Je nachdem, wie alt eine Dachsburg ist, wird sie auch durch die ausgetretenen Dachspfade gekennzeichnet, die Grimbart auf seinem Weg vom Bau weg und zurück quasi „zementiert". Darüber hinaus erreichen alte Burgen mitunter sehr große Ausmaße und Röhrenzahlen. Dachse können in kurzer Zeit beträchtliche Mengen Erdreich bewegen. Sie erweitern ihre Burgen durch neu gegrabene Röhren, lassen dafür andere zunächst ungenutzt verfallen, die in den Folgejahren aber wieder aufgegraben werden können. Der größte mir bekannte Dachsbau umfasst etwa 25 Haupt- und Nebenröhren auf einer Fläche von knapp 450 Quadratmetern. Der Dachs sticht weiterhin im Boden nach Nahrung, zum Beispiel nach Untermast, Kleinsäugern, Insekten oder Wurzeln; die dabei entstehenden Löcher sind sehr unregelmäßig. Das in der Literatur häufig beschriebene Suhlen der Dachse oder die ebenfalls erwähnten Malbäume konnte ich bisher in keinem einzigen Fall beobachten.

DER FISCHOTTER

Der Fischotter (*Lutra lutra* L.) zählt zwar noch immer zu den bedrohten Säugetieren Deutschlands und Mitteleuropas, doch befinden sich seine Bestände seit der Jahrtausendwende erfreulicherweise in einem steten Anstieg. Während in Mecklenburg-Vorpommern, Brandenburg und Sachsen schon in den 90er Jahren ein leichtes Populationswachstum registriert wurde, trugen erfolgreiche Wiederansiedlungen zum Beispiel in Niedersachsen, Bayern und Schleswig-Holstein zur weiteren Verbreitung in zahlreichen Fließgewässern sowie Seen- und Teichgebieten bei. Die Kombination der gottlob beendeten, aber dereinst schonungslos geführten

menschlichen Bekämpfung aller tierischer „Nahrungskonkurrenten“ in Verbindung mit einer fortschreitenden Lebensraumzerstörung und Wasserverschmutzung traf den Otter zuvor mit voller Härte. Obwohl die Jagdzeit bereits 1968 aufgehoben wurde, zeigten die verbliebenen Restvorkommen des Otters zunächst keine spürbare Erholung. Erst mit einer zusehends besseren Wasserqualität und Renaturierungsmaßnahmen an Fließ- und Stillgewässern sowie einem rückläufigen Einsatz von Fischreusen verbesserte sich die Situation des Wassermarders in unserem Land.
Halbwegs zutreffende Schätzungen der Gesamtpopulation sind beim Otter kaum möglich. Die Monitoring-Projekte der Länder und Landesjagdverbände können zwar die Reviere mit Ottervorkommen erfassen, aber naturgemäß keine konkreten Zahlen ermitteln. Aktuell dürften Otter im mittleren bis höheren vierstelligen Bereich mit einem deutlichen Ost-West- sowie Nord-Süd-Gefälle in Deutschland leben – Tendenz steigend.

BRANTENABDRUCK UND SPUR

Auch, wenn der Fischotter noch immer recht selten ist, gibt er uns dort, wo er vorkommt, auch ohne Direktbeobachtungen unzweifelhafte Hinweise

663 Verständigungslaute des Fischotters

auf seine Anwesenheit. Zunächst zur Otterspur: Die Sohlen der Vorder- und Hinterbranten zeigen einen Mittelballen, dem marderüblich jeweils fünf Zehenballen halbkreisförmig vorgelagert sind. Die fünf Zehen verfügen über nicht einziehbare, relativ kurze Krallen und sind durch Schwimmhäute miteinander verbunden. Hinter dem Mittelballen der Hinterbrante ist ein rundlicher Fersenballen zu sehen.
In der Spur sind die Schwimmhäute nur in besonders weichem Boden oder Schnee sichtbar. Auch die schwächere Außenzehe drückt sich häufig nicht

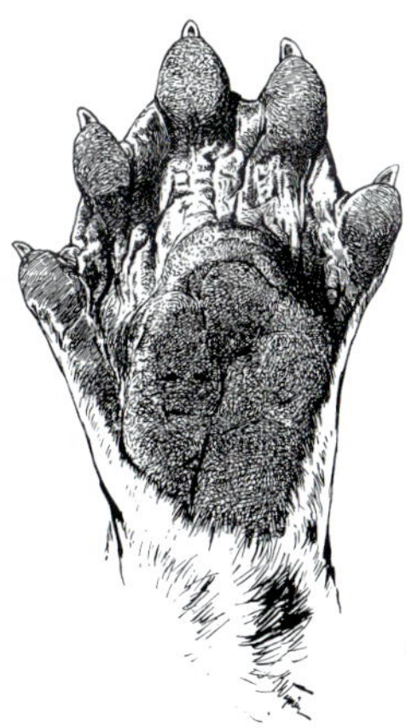

Sohle der Vorderpfote des Fischotters (~ 50 % natürliche Größe)

Tritt des Fischotters: o. Vorderlauf, u. Hinterlauf

oder nur angedeutet im Trittsiegel ab. Die Abdrücke der Vorderbranten sind fast genauso breit wie lang und wirken rund. Jene der Hinterbranten sind umso länger, je mehr der Otter von der Gesamtsohle aufsetzt. Vom Dachs einmal abgesehen, hinterlässt der Otter die mit Abstand größten Trittsiegel aller heimischen Marderarten. Die

MASSE BRANTENABDRUCK UND SPUR

Brantenabdruck Adulte:	
Vorderbranten (L x B)	ca. 5–6,5 x 4,5–6 cm
Hinterbranten (L)	ca. 9 cm
Sprungweite Adulte	40–50 cm

Gangarten und demzufolge die Spurbilder des Fischotters sind vielfältig. Im Gehen wird die Hinterpfote durch den sehr langgestreckten Körper deutlich hinter den Abdruck der Vorderpfote gesetzt. Die Spur wirkt dann sehr eng und wellenförmig geschnürt. Im Trab kommt es annähernd zum Schluss von Vorder- und Hinterbranten. Im Sprung oder Galopp kann es zum Paartritt, Dreitritt oder zur „Hasenspur" kommen. Ein besonders charakteristisches Spurbild im Galopp oder Sprung aber entsteht, wenn alle vier Pfoten schräg versetzt hintereinander in einer diagonalen Linie aufgesetzt werden.
Schon bei relativ niedrigen Schneelagen ist durch die ausgeprägte Kurzläufigkeit des Otters eine furchenartige Schleifspur des Körpers und der Lunte zu sehen. Auf schneebedeckten Hängen und Uferböschungen kann der Otter eine Spur ohne jeden Fußabdruck hinterlassen: die so genannten

Rutschbahnen, die der Fischotter beim Wassereinstieg und im Spiel hinterlässt. Der Spieltrieb des Wassermarders ist offenbar besonders stark ausgeprägt, was vielleicht auch die ohne ersichtlichen Grund häufig wechselnden Gangarten erklärt.

Fischotterspur im Trab (l.) und flüchtig

SONSTIGE ZEICHEN

Die meist tranig riechende Losung wird häufig auf etwas erhöhten Strukturen an den Ufern der genutzten Gewässer als Markierung abgesetzt und ist durch die fast immer vorhandenen und sichtbaren Fischschuppen oder -gräten gekennzeichnet. Doch nimmt der Otter gelegentlich auch Krebse, (Wasser-)Insekten, Muscheln, Amphibien, Kleinsäuger bis etwa Bisamgröße und Wasservögel, die dann durch ihre unverdaulichen Reste die Beschaffenheit der Otterlosung sowie der Fraßplätze bestimmen. Losung und Fraßspuren sind häufig an den Ein- und Ausstiegen am Ufer zu finden und eventuell mit jenen des ebenfalls wasser- und landbewohnenden Minks zu verwechseln, der in seiner Lebensweise und den genutzten Beutetieren dem Otter am nächsten kommt. Seine Losung ist allerdings, seiner geringen Größe entsprechend, bedeutend kleiner.

Die (Wurf-)Baue und sonstige Ruheplätze oder Verstecke des Otters sind ebenso vielgestaltig wie schwer zu entdecken. Natürliche und eventuell selbst erweiterte Unterspülungen unter Baumwurzeln und Steinen im Uferbereich werden ebenso genutzt wie Schilfnester, Biber- und Bisamburgen, Fuchs- und Dachsbaue oder Holzhaufen in Ufernähe.

Steinmarder

Baummarder

BAUM- UND STEINMARDER

Bei oberflächlicher Betrachtung könnte man den Baummarder (*Martes martes* L.) und den Steinmarder (*Martes foina* ERXLEBEN) angesichts ihres äußeren Erscheinungsbildes und der in vielen Fällen identischen Verhaltensweisen und Lebensäußerungen fast als Unterarten oder geografische Rassen einer Art, wie beispielsweise Nebel- und Rabenkrähe bei der Aaskrähe, ansehen. Bei genauerem Hinsehen entpuppen sich beide aber als eigenständige Spezies in der Familie der Marder. Selbst Kreuzungsversuche in Gefangenschaft schlugen durch die Bank fehl, und sämtliche Berichte über Bastarde zwischen Baum- und Steinmarder hielten einer genaueren, wissenschaftlichen Überprüfung nicht stand. Dagegen ist bekannt, dass sich der Baummarder mit dem unter anderem in der Taiga Sibiriens vorkommenden Zobel auch in freier Wildbahn kreuzt. Die Nachkommen, die vor allem im nördlichen Ural häufiger sind, werden als „Kidas" bezeichnet.

VORKOMMEN UND LEBENSRÄUME

Stein- und Baummarder trennen jedoch nicht nur etliche morphologische Merkmale unzweifelhaft voneinander.

Auch die Populationsdynamik und -entwicklung beider Arten nahm in den zurückliegenden Jahrzehnten einen sehr unterschiedlichen Verlauf. Der Steinmarder entpuppte sich durch seine Anpassungsfähigkeit als Kulturfolger par excellence und ist mittlerweile selbst in mitteleuropäischen Metropolen und Ballungsgebieten in großer Zahl anzutreffen. Die unzähligen Schäden an Kraftfahrzeugen („Automarder"), sowie die zahlreichen Hilferufe nicht jagender Mitbürger, man möge sie doch bitte von dem allnächtlichen Spuk und Lärm auf dem Dachboden befreien, beweisen, dass „Weißkehlchen" längst zu unseren unmittelbaren Nachbarn zählt. Kurzum: Der Steinmarder ist eigentlich allgegenwärtig. Er lebt in Wald und Feld ebenso wie auf dem Hamburger Hauptbahnhof ...

Das Vorkommen des Baummarders hingegen ist nach wie vor weitgehend an den Lebensraum Wald gebunden. Die bisherige Lehrmeinung, dass der Baummarder große zusammenhängende Laub- oder Nadelwälder benötigt, muss vor dem Hintergrund neuer wildbiologischer Erkenntnisse allerdings verworfen werden. Telemetriestudien und andere Untersuchungen sowie Fallenfänge zeigen, dass „Gelbkehlchen" heute auch in Waldungen und Feldgehölzen von nur wenigen

664 Drohlaute von 1. Baum- und 2. Steinmarder

Hektar Größe lebt und seine Aktionsräume (homeranges) mittlerweile auch in menschliche Siedlungen hineinreichen. Die Zuordnung des „Wald- oder Tannenmarders" zu den typischen Kulturflüchtern muss demzufolge ebenfalls revidiert werden. Auch scheint seine seitens der Naturschutzverbände so oft und gern zitierte Seltenheit zumindest regional eher ein Erfassungsproblem zu sein. In zahlreichen Gebieten scheinen die Besätze des einstigen Rote-Liste-Kandidaten spürbar zuzulegen. Nichtsdestotrotz ist und bleibt der Steinmarder durch seine flächendeckende Präsenz, seine absoluten Populationsdichten und seine potenziellen Einflussnahmen auf diverse Niederwildarten und etliche andere Wildtiere jagdlich relevanter als alle anderen heimischen Marderarten mit Ausnahme des Dachses.

BRANTENGRÖSSE UND SOHLENBEHAARUNG

Die Pfoten oder Branten von Baum- und Steinmarder sind weitgehend identisch und ihre Trittsiegel besonders im Sommer häufig kaum zu unterscheiden. Die Größenunterschiede der Trittsiegel schwanken im Millimeter-

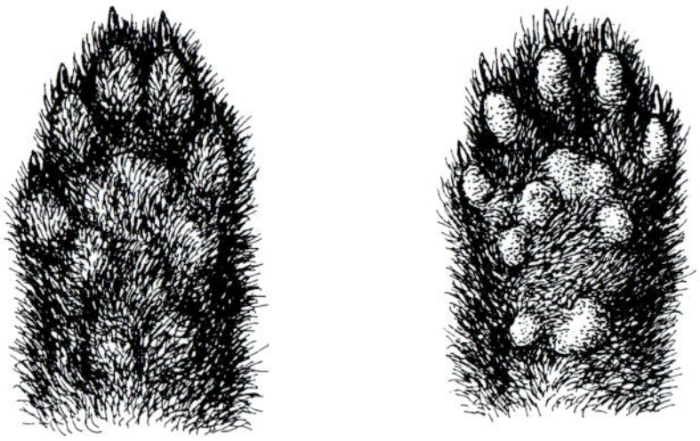

Behaarte Brantensohle des Baummarders (l.) und unbehaarte Sohle des Steinmarders (~ 50 % natürliche Größe)

Brantenabdruck des Steinmarders: l. Vorderbrante, r. Hinterbrante

bereich und sind auch durch die individuellen und geschlechtsspezifischen innerartlichen Unterschiede zur Unterscheidung beider Arten anhand des Pfotenabdruckes nicht geeignet. Allein der Tatsache, dass der Baummarder mehr oder minder stark behaarte Sohlen hat, ist es zu verdanken, dass wir die Trittsiegel meist doch identifizieren und einer der beiden Arten zuordnen können.

Durch die Sohlenbehaarung des Baummarders insbesondere im Winterhaar erscheinen auch frische Trittsiegel nicht klar und scharf umrissen und wirken etwas „verwaschen". Die behaarten Ballen drücken sich nicht klar ab, die Ränder des Gesamtabdruckes wirken verschwommen, und die Zwischenräume zwischen den Ballen sind meist nur angedeutet. Die Krallen des Baummarders – obwohl durchschnittlich mindestens so stark wie jene des Steinmarders – erscheinen im Trittsiegel durch die „gepolsterte" und vergrößerte Sohlenoberfläche kürzer und oft nur in der Spitze abgedrückt. Doch ist die Sohlenbehaarung beider Arten variabel, sodass es durchaus auch hier zu Verwechslungen kommen kann.

BRANTENABDRUCK

Der Mittel- oder Hauptballen der Vorder- und Hinterbranten setzt sich aus vier unmittelbar aneinander liegenden Einzelteilen zusammen, die sich in der Spur aber als ein drei- oder viergelappter und scheinbar in sich geschlossener Ballen abdrücken. An der Vorderbrante ist darüber hinaus schräg versetzt hinter dem Mittelballen ein kleiner (zweigeteilter) Fersenballen sichtbar, der für das Spurbild aber keine

Bedeutung hat. Dem oder besser den Mittelballen halbkreisförmig vorgelagert sitzen, wie bei allen Mardern, fünf Zehenballen. Der Ballen der jeweiligen Außenzehe setzt etwa in der Mitte des Hauptballens an, ist deutlich kleiner als die anderen Zehenballen und im Trittsiegel meist nur angedeutet, gar nicht oder nur durch die vorgelagerte und abgedrückte Kralle des Zehs sichtbar.

Die Trittsiegel des Baummarders sind durchschnittlich etwas stärker als die des Steinmarders. Die absoluten Maße sind zur Artansprache aus den oben genannten Gründen jedoch nicht geeignet. Insgesamt wirken die Pfoten und Trittsiegel beider Arten eiförmig mit zwei stumpfen Polen.

SPURBILD

Das Spurbild von Stein- und Baummarder ist ebenfalls einheitlich. Im relativ seltenen Schritt oder Gehen setzt der Marder die Hinterpfoten hinter die Abdrücke der Vorderpfoten. Es entsteht ein Bild aus vier Abdrücken, die versetzt hintereinander liegen; es folgt ein kleiner Zwischenraum, wieder vier Abdrücke und so weiter. Die weitaus häufigste und typische Fortbewegungsart von Baum- und Steinmarder ist ein wellenförmiger Sprunglauf oder der Paartritt. Die Abdrücke der Hinterbranten fassen direkt in jene der Vorderbranten, so dass der Marder zwei leicht versetzt nebeneinanderliegende Trittsiegel hinterlässt. In der Fluchtspur des Marders finden wir häufig den Dreitritt. Dabei fassen die Abdrücke von Vorder- und Hinterpfote einer Seite direkt ineinan-

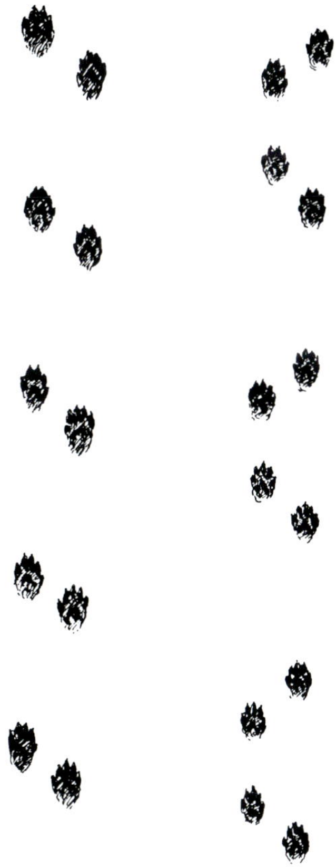

Spurbilder des Marders: Paartritt (l.) und Gehen

der, die der anderen Seite stehen leicht versetzt hintereinander, so dass drei Abdrücke pro Sprung hinterlassen werden. Ebenso hinterlassen beide Arten flüchtig auch die „Hasenspur“.

„Fortholzen“ – eher selten

Das sogenannte Fortholzen, das Klettern und Springen von Baum zu Baum, kommt weit seltener vor, als gemeinhin angenommen wird. Auch der Baummarder bewegt sich überwiegend am Boden fort und reißt oder sammelt ebendort auch das Gros seiner Beute beziehungsweise Nahrung. Beim Fortholzen finden sich im Schnee unter den Bäumen gelegentlich Holzspäne, Rindenteile, Schmutz oder Flechten, die der Marder bei seiner Fortbewegung von den Ästen quasi abtritt. In tieferem Schnee ist die Schleifspur der Lunte zu sehen. Insgesamt ist der geringfügig hochläufigere Baummarder etwas gewandter, schneller und sprunggewaltiger.

RUHEPLÄTZE

Die Ein- und Ausstiege des Steinmarders in Häuser oder Scheunen sind bei Schnee durch die Spur auf dem Dach leicht zu entdecken. Fehlt der Schnee sind sie mitunter anhand der Kratzspuren zu finden, die Weißkehlchen beim Klettern an Mauerwerk, Bäumen und Rohren hinterlässt. Beide Arten ruhen im Wald gern in großen, verlassenen Horsten von Greif- und Rabenvögeln, natürlichen Baumhöhlen sowie in Holzpoltern und mitunter auch in großen Nistkästen. Der Steinmarder bewohnt weiterhin fast alle Heu- und Strohböden eines Dorfes, zahlreiche Wohnhausdächer sowie Ställe, Schuppen und Lagerhallen.

MASSE BRANTENABDRUCK UND SPUR

Einzeltritt Adulte (L x B):	
Baummarder	≤ 4 x ≤ 3,7 cm
Steinmarder	ca. 3,5 x 3,2 cm
Sprungweite Adulte	40 – ≥ 100 cm

LOSUNG UND LAUTE

Die Losung beider Arten ist normalerweise einseitig spitz ausgezogen, wurstförmig und misst etwa 1,5 Zentimeter im Durchmesser. Häufig ist sie von deutlich sichtbaren Furchen durchzogen und kann der stark variierenden Nahrungszusammensetzung entsprechend Haare, Federn, Knochenreste, die Kerne der unterschiedlichsten Früchte sowie die unverdaulichen Chitinteile von Insekten und anderen Kleintieren enthalten. Die Farbe der Marderlosung kann zwischen Schwarz und Fast-Orange (Hagebutten, Vogelbeeren) schwanken und ist bei überwiegendem Fruchtanteil breiig. Baum- und Steinmarder nehmen auch Aas beziehungsweise Luder (Fallwild) an. So wurden in einer russischen Studie in der Losung von Baummardern sogar Elchhaare nachgewiesen. Die leider auch in Jägerkreisen und darüber hinaus noch immer kursierende Behauptung, die Hauptbeute des Baummarders sei das Eichhörnchen, ist selbstredend unzutreffend. Einerseits bewegen sich Eichhörnchen noch auf dünnem

Holzpolter sind beliebte Ruheplätze der Marder (im Bild ein Steinmarder).

MORPHOLOGISCHE UNTERSCHEIDUNGSMERKMALE BAUMMARDER – STEINMARDER

	BAUMMARDER	STEINMARDER
1. Körper	hochläufig, schlank	gedrungener, tiefer
2. Farbe	braun, rotbraun	graubraun
3. Grannenhaar	weich, seidig	starrer, stichelig
4. Kehlfleck	gelblich, abgerundet	weiß, gabelförmig
5. Sohlenballen	behaart	unbehaart
6. Nasenschwamm	schwarz, braun	hell, fleischfarben
7. Gehörne	dreieckig, lang	abgerundet, kurz
8. Nasenöffnung (Schädelknochen)	rund	oval
9. Dritter Prämolar (Oberkiefer)	Außenseite eingebuchtet	Außenseite abgerundet
10. Erster Molar (Oberkiefer)	Außenseite glatt	Außenseite gekerbt

Achtung: Die ersten sieben der genannten Merkmale sind variabel und für sich allein zur einwandfreien Artbestimmung nicht geeignet.

Geäst in Baumkronen fort, aus denen selbst ein Baummarder hilflos abstürzen würde, andererseits wären die Marder angesichts der geringen Zahl und Verbreitung ihrer kulturfolgenden „Hauptbeute" in der Mehrzahl längst verhungert.
Als Lautäußerungen lassen die Marder ein Keckern (Streit) oder Muckern (Begrüßung, Freude, Stimmfühlung) hören. Hinzu kommen das Zischen bei Verunsicherung und der Ranzruf der Fähen. Besonders durchdringend und laut ist ein Drohschrei, der wie beim Iltis in unmittelbarer Gefahr oder Bedrohung abgegeben werden kann.

DER ILTIS

Der Iltis (*Mustela putorius* L.) ist als „Ratz" oder „Stänker" fraglos ein Underdog unter den jagdbaren Tierarten. Als „arger Niederwild-Schädling" wurde er noch im 20. Jahrhundert ohne Schonzeit verfolgt, auch Wildbiologen und Jagdwissenschaftler nahmen kaum Notiz von ihm.
Heute wissen wir zwar, dass sich Iltisse deutlich weniger von Niederwild als vielmehr von Kleinvögeln, Kleinsäugern bis etwa Rattengröße sowie von Amphibien und zu beachtlichen Prozentsätzen von Insekten und anderen Wirbellosen ernähren; über seine Besatzhöhen und Populationsdynamik wissen wir jedoch so gut wie nichts. Gleiches gilt zum Beispiel auch für das Große Wiesel, das Mauswiesel und den Mink. Bei allen bekannten methodischen Problemen sollten wir diese Arten in der Palette wildbiologischer Forschung deshalb aber nicht vernachlässigen. Leider scheitern solche Projekte häufig bereits an der Finanzierung. Wen interessiert es zum Beispiel schon, wo und in welchen Populationsdichten Iltisse leben …?

BRANTENABDRUCK UND SPURBILD

Die Pfote oder Brante des Iltisses ist eine typische „Marderpfote" (vgl.

Baum- und Steinmarder). Der Hauptballen besteht aus vier zusammenstehenden Teilen, und ist annähernd halbkreisförmig. Diesem ebenfalls halbkreisförmig vorgelagert stehen vier Zehenballen; der Ballen der kleineren Außenzehe befindet sich etwa in der Mitte neben dem Hauptballen an der jeweiligen Brantenseite und ist deutlich kleiner.
Alle fünf Zehen beziehungsweise Finger sind mit relativ langen Krallen ausgestattet, die sich mit Ausnahme der Kralle der Außenzehe auf weichem Boden oder Schnee im Trittsiegel deutlich abdrücken. An den Branten der Vorderläufe steht am Ende der Sohle ein Fersenballen. Auch beim Iltis sind die Vorderbranten etwas größer als die Hinterbranten.

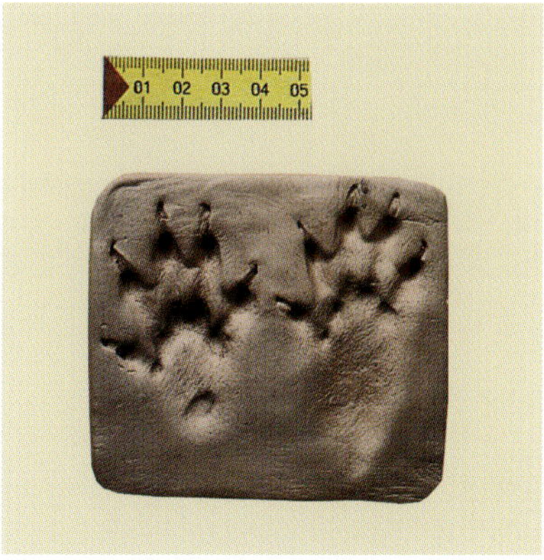

Die Brantenabdrücke des Iltis: l. Vorderbrante, r. Hinterbrante

665 Verständigungslaute des Iltisses

Iltis-Spurbilder: ruhige Gangart (l.) und flüchtig

Die Gangarten des Iltisses entsprechen weitestgehend denen von Baum- und Steinmarder. Wir finden in erster Linie den Paartritt (die Hinterpfoten treten im Sprung in die Abdrücke der Vorderpfoten), in dieser Spur gelegentlich den Dreitritt sowie zwei unterschiedliche Fluchtspuren. In leichter Flucht drücken sich die Trittsiegel der Hinterbranten hintereinander, aber vor denen der Vorderbranten ab, die ihrerseits ebenfalls hintereinander stehen. Es entsteht ein Spurbild aus vier (zwei + zwei) seitlich versetzt hintereinander abgedrückten Trittsiegeln. In hoher Flucht zeigt auch der Iltis die „Hasenspur".

SONSTIGE ZEICHEN

Die wurstförmige Losung des Iltisses ist meist schwarz, deutlich um die eigene Längsachse gedreht und am Ende ausgezogen (vgl. Fuchs). Je nach Fraßzusammensetzung kann sie aber auch breiig sein. Iltisse legen in ihrem Aktionsraum (meist in Bau- oder Versstecknähe) Latrinenplätze an, auf denen regelmäßig Losung abgegeben wird.

Die oft gehörte Behauptung, Iltisse könnten nicht klettern, ist unzutreffend. Ein von mir im Zoologischen Institut der Uni Braunschweig zu Beobachtungszwecken im Gatter gehaltener Iltis bewies im Rahmen seiner Fluchtversuche mehrfach und absolut eindrucksvoll das Gegenteil. Ebenso unzutreffend sind zwei in der Jagdliteratur bis heute immer wieder zitierte Aussagen zum Nahrungserwerb beziehungsweise zur Verdauung des Iltis. Die in herbst- und winterlichen Vorratslagern vom Iltis zusammengetragenen Amphibien werden nicht durch einen Rückenbiss gezielt gelähmt, sondern bleiben durch ihre stoffwechselbedingte Kältestarre am Platz. Die in Gewässernähe zu findenden gallertigen „Sternschnuppen" bestehen nicht aus vom Iltis hervorgewürgtem Amphibienlaich, sondern sind einer Algenfamilie zuzuordnen. Als Lautäußerungen geben Iltisse ein Keckern (Wohlbefinden, Stimmfühlung), ein Zischen und einen wahrhaft ohrenbetäubenden Schrecklaut zur Feindabwehr von sich, den ich bei oben erwähntem Gatter-Iltis häufig „verarbeiten" musste.

DER MINK

Der Mink oder Amerikanische Nerz (*Mustela vison* L.) ist ursprünglich in Nordamerika von Alaska bis Florida heimisch. In den 1920er-Jahren wurde der Mink zur Pelzgewinnung als Farmtier nach Europa gebracht. Seither gelangten immer wieder Farmtiere in die freie Wildbahn, was vielerorts zur

Gründung von Freilandpopulationen führte. Größere Zahlen gelangten weiterhin in den 90er Jahren in die freie Wildbahn, als einige Farmen in den neuen Bundesländern aus wirtschaftlichen Gründen aufgegeben wurden. Einzelnachweise des Minks liegen mittlerweile für ganz Deutschland vor, die aktuellen Verbreitungsschwerpunkte bestehen in Mecklenburg-Vorpommern, Brandenburg und Schleswig-Holstein. Die ohnehin expansive Arealerweiterung des Minks mit einem nachhaltigen weiteren Anstieg der Populationsdichten wird durch „Tierbefreiungsaktionen“ leider unterstützt. Die Auswirkungen dieser „Befreiungen“ auf das lokale Artengefüge (Amphibien, Bodenbrüter etc.) können bedeutend sein. Experten gehen von einer langfristigen Besiedlung aller in Europa vorhandenen und für den weitestgehend wassergebunden lebenden Mink geeigneten Lebensräume aus, was erneut unterstreicht, dass die Relevanz des Minks für den Artenschutz und die Jagd in Deutschland und Europa weiter wächst.

DER EUROPÄISCHE VERWANDTE

Die Ursachen für das fast vollständige Aussterben des ursprünglich heimischen Europäischen Nerzes (*Mustela lutreola* L.) sind weitgehend unbekannt. Restvorkommen leben heute noch in Russland, Finnland, Frankreich und Spanien. In Deutschland, wo die vorerst letzte Beobachtung eines Europäischen Nerzes auf das Jahr 1925 datiert wird, laufen Versuche zu seiner Wiederansiedlung aktuell am Steinhuder Meer in Niedersachsen und im Saarland. Experten hegen jedoch berechtigte Zweifel am nachhaltigen Erfolg der Projekte und einer Neugründung vitaler Freilandpopulationen, da hierzu eine weitestgehende Ausrottung

Der Mink schätzt deckungsreiche Gewässer.

Die Brantenabdrücke des Mink: l. Hinterlauf, r. Vorderlauf

des Minks notwendig wäre. Die weitere progressive Ausbreitung des Minks ist also weder den Wiedereinbürgerungsversuchen des Europäischen Nerzes, noch den regional unterschiedlich vorgeschädigten Lebensgemeinschaften – insbesondere im Bereich der Bodenbrüter – förderlich.

REVIERZEICHEN UND VORKOMMEN

Die Pfoten und Spuren des Minks entsprechen weitestgehend denen des Iltis (s. S. 86). Die nur schwach ausgepräg-ten Schwimmhäute zwischen den Zehen des Minks drücken sich im Trittsiegel kaum, meistens gar nicht ab. Die Spuren in Form und Größe zu unterscheiden ist daher praktisch unmöglich, was die Bestätigung des Minks angesichts der häufig sehr ähnlichen Lebensraumnutzung beider Arten sehr erschwert. Gleiches gilt für die Losung, wobei die Losung des Minks relativ häufig Fischreste (Schuppen, Gräten) enthält, was beim Iltis nur selten der Fall ist.

Bevorzugte Lebensräume des Minks sind möglichst deckungsreiche Gewässer, wie mäandrierende, unterspülte Ufer, schilf- und fischreiche Seen und Flüsse sowie Au- und Bruchwälder.

Als Verstecke und Wurfbaue nutzt der Mink selbstgegrabene mehrröhrige Baue, Bisamburgen und -baue sowie Baumhöhlen und andere natürliche Verstecke. Für eine hohe Anpassungsfähigkeit des Minks spricht die Tatsache, dass er zunehmend häufiger auch in Scheunen, Gartenhäusern sowie in Boots-, Fischerei- und Jagdhütten in Wassernähe beobachtet und gefangen wird. Wie der Iltis legt auch der Mink zeitweise Nahrungsdepots an. Die Hauptbeute des Minks in Nordamerika ist der Bisam, in Europa zeigt das Nahrungsspektrum jahreszeitlich und regionalspezifisch starke Unterschiede. In den bisher vorliegenden Nahrungsanalysen fällt stets ein hoher Anteil Fisch auf, der in einer schwedischen Untersuchung über 60 Prozent betrug.

HERMELIN UND MAUSWIESEL

Betrachtet man die Geschichte der Beziehung des Menschen zu den Raubwildarten Europas, fällt auf, dass dem Hermelin oder Großen Wiesel (*Mustela erminea* L.) und dem Mauswiesel (*Mustela nivalis* L.) eine ganz besondere Rolle zufällt. Während sich Jäger und Bauern bei den meisten anderen Arten stets einig waren, sie als vermeintliche Nahrungskonkurrenten, Jagd- und Nutztierschädlinge oder gar als direkte Bedrohung zu reduzieren, in einigen Fällen gar auszurotten, gehörten „die Wiesel“ als Mäusevertilger lange Zeit zu den „Lieblingstieren“ der Bauern. Erst später, als zur Mäusebekämpfung längst andere Mittel eingesetzt wurden und die jagdliche Hege – insbesondere die Aufstockung der Niederwildbesätze – an Bedeutung gewann, wurde auch das Hermelin per Fangjagd mehr oder minder intensiv bejagt.

Großes Wiesel oder Hermelin

Mauswiesel

BEUTESPEKTRUM

Bis heute haben wildbiologische Untersuchungen unwiderlegbar gezeigt, dass sich das Beutespektrum des Großen Wiesels ganz überwiegend aus Mäusen und anderen Kleinsäugern zusammensetzt. Dass das Hermelin gelegentlich auch Jungtiere diverser Niederwildarten sowie andere Bodenbrüter nimmt, steht außer Frage. Dennoch werden Mäuse allein aufgrund seiner körperlichen Voraussetzungen und Anpassungen den Speiseplan des kleinen Räubers stets dominieren. Betrachtet man unsere Defizite im Wissen über die Besatzhöhen und die Populationsdynamik des Hermelins und die Intensität der Fangjagd in Deutschland und Mitteleuropa, bleibt festzustellen, dass die aktuelle Form der Bejagung offenbar weder dem Niederwild großflächig nutzt, noch dem Großen Wiesel schadet. An dieser Stelle sei angefügt, dass in meinem Heimatrevier Querum im Nordosten Braunschweigs bis heute gut nutzbare Niederwildbesätze (mit Ausnahme des Rebhuhns) vorhanden sind, ohne dass dort dem Großen Wiesel jemals gezielt nachgestellt worden wäre.

BRANTENABDRUCK UND SPURBILD DES HERMELINS

Die Pfoten des Großen Wiesels entsprechen in Form und Aufbau in etwa jenen des Iltisses, sind dabei aber inklusive der Krallen deutlich kleiner beziehungsweise kürzer und bis auf die Ballenspitzen dicht behaart. Der Hauptballen setzt sich aus vier Einzelballen zusammen, in deren Mitte an der Seite der Pfote die jeweilige Außenzehe ansetzt. Die vier größeren Zehenballen sind dem Hauptballen halbkreisförmig vorgelagert, wobei die Innenzehe zurückgesetzt ist. Die Vorderbranten zeigen einen Fersenballen. Auch die Spurbilder entsprechen denen der zuvor behandelten Marderarten, sind aber – wie erwähnt – deutlich schwächer. Zu unterscheiden sind der Paartritt (normale Gangart, Sprungspur), der Dreitritt und in der Flucht eine Spur, in der die Abdrücke der Hinterbranten paarweise vor jenen der Vorderläufe stehen, und die „Hasenspur“. Durch das geringe Gewicht des

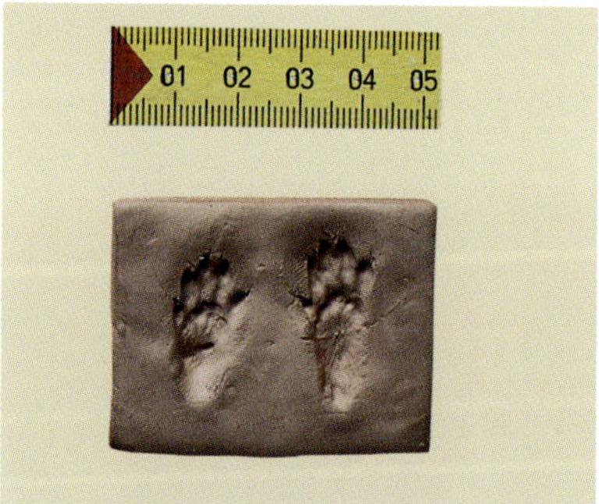

Die Brantenabdrücke des Großen Wiesels: l. Vorderbrante, r. Hinterbrante

Hermelins findet man seine Spuren nur im Schnee, in sehr weichen Böden, zum Beispiel in Uferzonen oder verwaschen im lockeren Sand.

DIE UNTERSCHEIDUNG VON HERMELIN UND MAUSWIESEL

Das Große Wiesel und das Mauswiesel sind im zoologischen Sinne „gute

Die häufigsten Spurbilder des Großen Wiesels

Typisch für das Mauswiesel ist der braune Wangenfleck, der dem Hermelin fehlt.

Arten", beide kreuzen sich also weder in freier Wildbahn noch in Gefangenschaft. Obwohl das Mauswiesel durchschnittlich kleiner ist, kann es größenmäßig zwischen starken Rüden des Mauswiesels und schwächeren Hermelinfähen zu Überschneidungen kommen. Beide Arten unterscheiden sich aber immer und unzweifelhaft durch die stets schwarze Luntenspitze des Hermelins und den Wangenfleck des Mauswiesels voneinander. Die Lunte des Mauswiesels ist auch in Relation zum Körper kürzer. In den Alpen, in Skandinavien, in Teilen Osteuropas sowie in Nordasien ist auch das Mauswiesel im Winter weiß. Im mitteleuropäischen Flachland bleibt es auch im Winter mittelbraun mit hellerer Unterseite. In den meisten Bundesländern ist das kleine Wiesel mittlerweile ganzjährig geschont. Um Fehlfänge mit der Wieselwippbrettfalle auszuschließen, empfiehlt es sich, das Wippbrett mit einem etwa 100 Gramm schweren Blech unterseits zu beschweren.

HASENARTIGE UND NAGETIERE

HASENARTIGE

DER FELDHASE

Der Feldhase (*Lepus europaeus* PALLAS) ist bis heute – trotz rückläufiger oder stagnierender Besätze – der Klassiker unter sämtlichen Niederwildarten. Die Aussage, „der Feldhase sei in seinem Bestand bedroht“, ist schlichtweg unzutreffend, obwohl dies auch die bundesweite Rote Liste, in der die Art als „gefährdet“ geführt wird, suggeriert. Fakt ist aber, dass der Feldhase in Mitteleuropa durch die damaligen Waldrodungen und die zunächst folgende extensive Landwirtschaft (kleinparzelliert, grenzlinienreich, Dreifelderwirtschaft), gekoppelt mit einer schadnagerähnlichen Verfolgung von Beutegreifern, auch in Deutschland einst Lebensraumbedingungen vorfand, die zu „unnatürlich“ und zuvor unbekannt hohen Hasendichten führten.

DAS AUF UND AB DES STEPPENBEWOHNERS

Bis dahin war der Hase zunächst ursprünglicher Bewohner der voreiszeitlichen offenen und halboffenen Steppen, ging in seiner Verbreitung während der Vereisung aber deutlich zurück. Von seinen Rückzugsgebieten im Südosten Europas vordringend,

konnte er dann wieder die postglazialen Steppen besiedeln. Dies liegt etwa 4000 Jahre zurück. Mit der nacheiszeitlich natürlichen Sukzession der Vegetation – dem Übergang der Steppen in Wald – war ein erneuter und deutlicher Rückgang des Feldhasen verbunden. Deutschland und Mitteleuropa waren ganz überwiegend von geschlossenen Waldbeständen bedeckt.

Hohe Besätze menschgemacht

Die Verbreitung des Hasen und seine relative Häufigkeit wurden durch den Menschen also direkt gefördert. Dass die Zahl der Hasen durch die Intensivierung und Umstrukturierung der Landwirtschaft und die steigende Zahl von Beutegreifern aktuell und regional unterschiedlich rückläufig ist oder war, steht fest. Trotzdem kommt Mümmelmann vielerorts in Deutschland noch immer in Wilddichten (Individuen pro Flächeneinheit) vor, die weit über denen liegen, wie sie heute in seinen ursprünglichen Lebensräumen, zum Beispiel in den Steppen Russlands, beobachtet werden.

Man argumentiert hier also „unter Vorspiegelung ökologisch falscher Tatsachen“, wenn man die heutigen Hasenbesätze ausschließlich an der Zeit kleinbäuerlicher Landwirtschaft misst. Letztere schuf den Langohren Lebensräume, die in dieser Form nie zuvor existierten. Hinzu kommt die Tatsache, dass die Zeiten höchster Hasenbesätze gleichsam Zeiten annähernd beutegreiferfreier Lebensräume waren. Der Hase ist in Deutschland

Die hohen Hasendichten des 20. Jahrhunderts wurden erst durch die landwirtschaftliche Tätigkeit des Menschen und eine intensive Verfolgung diverser Beutegreifer möglich.

MASSE PFOTEN UND TRITT

Pfotenlänge Adulte (L)	
Vorderpfote	ca. 4,5 cm
Hinterfuß	13–15 cm
Trittsiegel Adulte (L)	4–6 cm

demzufolge sicher nicht „in seinem Bestand bedroht". Dies belegen auch die – trotz zurückhaltender oder gebietsweise eingestellter Bejagung – erzielten Jagdstrecken sowie die Zählungen und Aufnahmen in den jeweiligen Wildtiererfassungsprogrammen der Länder.

Pfotenabdrücke des Feldhasen

PFOTE UND SPUR

Bei keiner anderen heimischen Wildart (mit Ausnahme des Wildkaninchens) unterscheiden sich die Extremitäten sowie die Vorder- und Hinterpfoten in ihrer Länge so extrem voneinander wie beim Feldhasen. Die Hinterfüße adulter Hasen sind mehr als dreimal so lang wie die Vorderpfoten.

An der fast rund wirkenden Vorderpfote befinden sich fünf Zehen, wobei die Innenzehe (der „Daumen") stark reduziert ist und ihr Abdruck meist unsichtbar bleibt. An der Hinterpfote sitzen vier Zehen. Alle Zehen oder Finger sind mit kräftigen Krallen versehen, die sich auf hartem Untergrund oft nur allein als „kleine Eingriffe" abdrücken. Beim Feldhasen stehen nur im Sitzen die Hinterpfoten auch hinter den Vorderpfoten. Im Gehen, hoppelnd oder in der Flucht – alle Hasenartigen sind typische Fluchttiere – stehen die Trittsiegel der Hinterpfoten vor denen der Vorderpfoten und hinterlassen die bekannte und unverwechselbare „Hasenspur". Weil der Hase in der Fortbewegung nicht die ganze Sohle der Hinterpfoten, sondern nur den vorderen Teil oder die Zehenspitzen (hochflüchtig) aufsetzt, sind die Trittsiegel deutlich kürzer als die Pfoten.

Typisches Spurbild des Hasen im Schnee

Spurbilder des rückenden (l.) und hoppelnden Hasen

SONSTIGE ZEICHEN

Die Losung des Hasen besteht aus etwa 15 Millimeter großen, runden, trockenen und oft etwas strohig wirkenden Kugeln (s. S. 154). Sie werden einzelweise oder nebeneinander in geringer Zahl und nicht ortsgebunden abgesetzt. Der Hase ruht in der Sasse, einer Liegemulde, die sich zum Beispiel in dichter Deckung, im Grünland, an Wurzelanläufen oder auf blankem Sturzacker befinden kann. Hasen wälzen sich zur Körperpflege gern in Staub oder Sand. Diese „Badewannen" allein sind von jenen anderer Wildarten nicht zu unterscheiden, im Normalfall aber durch die nebenstehende Hasenspur gekennzeichnet.

Im Schnee und auch sonst nutzt der Feldhase zu bevorzugten Äsungsplätzen oft sogenannte Pässe. Doch hält sich der Hase längst nicht so strikt an diese Pässe, wie oft behauptet wird. Jäger, die von ein und demselben Hochsitz aus regelmäßig Hasen beobachten, wissen um diesen Umstand. Die oft beschriebenen „ausgebissenen und freigenagten" Hasenpässe im Getreide oder anderem höherem Bewuchs werden in Wirklichkeit nicht sorgfältig gepflegt und freigehalten, sondern von mehreren Hasen oder darüber hinaus auch von anderen Wildarten genutzt und ausgetreten.

Insgesamt leben die Langohren außerordentlich standorttreu und nutzen im Normalfall ohne Not Aktionsräume von nur wenigen Hektar Größe. Vor diesem Hintergrund entstand der alte Merkspruch: „Wenn nicht gestört und nicht gehetzt, bleibt er gern dort, wo er gesetzt."

DAS WILDKANINCHEN

Nacheiszeitlich ursprünglich in Nordafrika und Spanien beheimatet, wurde das Wildkaninchen (*Oryctolagus cuniculus* L.) schon im 13. Jahrhundert erstmals in Deutschland ausgesetzt. Neben dem Feld- und Schneehasen ist es die dritte heimische Art aus der Familie der Hasentiere. Abgesehen von seiner bedeutend geringeren Größe, seiner Fell- oder Balgzeichnung, den dunklen Augen (Sehern) und anderen Körpermerkmalen unterscheidet es sich auch in seinem Verhalten deutlich vom Feldhasen, mit dem es in der Regel, mit Ausnahme von Stadtparks, Siedlungen und Industrieanlagen, regelmäßig den Lebensraum teilt.

SPURBILD UND ANDERE ZEICHEN

Die Spurbilder des Kaninchens entsprechen denen eines geringen oder jungen Hasen (vgl. Feldhase). Anders als der Feldhase lebt das Wildkaninchen sozial organisiert in *Familien* oder *Kolonien* und tut allein durch seine selbstgegrabenen Bauanlagen (*Wohn-* und *Satzbaue oder -röhren*) und häufige Direktbeobachtungen seine Anwesenheit kund. Für die Anlage der Baue sind unter mitteleuropäischen Klimaverhältnissen weitgehend warme, trockene, aber trotzdem bindige Böden notwendig. Schwere, staunasse und kalte oder steinige Böden werden gemieden. Trockene Böschungen, Dickungsränder, Knicks sowie sonnige Ödland- und Ruderalflächen sind typische Bau- und Koloniestandorte. Auch andere geeignete Deckungsstrukturen wie Paletten (Campingplätze!) oder Holz- (Schnittgut) und Bretterhaufen werden mitunter als Behausung genutzt. Weiterhin gräbt und scharrt das Kaninchen bei der Äsungssuche im Boden gelegentlich flache *Mulden* aus (Kratzstellen). Mit zehn Millimetern Durchmesser oder weniger ist die leicht ovale *Losung* bedeutend kleiner als die des (adulten) Feldhasen. Sie wird stets in größerer Menge auf dem Boden oder erhöhten Strukturen abgegeben. Auf den an Territoriumsgrenzen und bevorzugten *Pässen* zur Markierung angelegten großen *Losungsplätzen* (Latrinen) finden sich mitunter einige hundert Losungspillen.

Das Spurbild des Kaninchens ähnelt dem eines Hasen „im Kleinformat".

Ihre Baue legen Kaninchen bevorzugt in sandhaltigen Böden an, staunasse und kalte oder steinige Böden meiden sie.

SEUCHENBEDINGTER RÜCKGANG

Durch Veränderungen in der landwirtschaftlichen Struktur, vor allem aber durch Krankheiten sind in der Vergangenheit zahlreiche Kaninchenvorkommen in Deutschland leider stark zurückgegangen, einige sogar erloschen. Im Mittelpunkt des Krankheitsgeschehens standen und stehen die anhaltenden Seuchenzüge der RHD (*Rabbit Haemorrhagic Disease*) oder „Chinaseuche", deren Verlustraten jene der *Myxomatose* – wie die RHD eine Viruskrankheit – oft noch übertreffen. Während die Myxomatose bereits seit 1952 auch in Europa registriert wurde, schlug die Chinaseuche erstmals in den 1990er-Jahren mit voller Härte zu. Viele Vorkommen der „Dünenkeiler" stagnieren seither auf niedrigem Niveau. Zwar scheinen sich einige Populationen aktuell wieder zu erholen, doch hängt die weitere Entwicklung vom weiteren Seuchengeschehen und dem abzuwartenden Grad der Resistenzbildung seitens der Wildkaninchen ab. Deren Hauptverbreitungsgebiete liegen nach wie vor in NRW und Niedersachsen.

NAGETIERE

DER BIBER

Mit Körperlängen bis zu einem Meter und darüber und einem Gewicht von 20 bis 35 Kilogramm ist der Biber (*Castor fiber* L.) das größte Nagetier Europas. In Deutschland und Mitteleuropa einst fast ausgerottet, haben sich die Biberbestände bis heute durch Aussetzungen und natürliche Wiederausbreitung gut erholt und befinden sich in stetiger Ausbreitung. Zweifelsohne ein bedeutender Erfolg des Artenschutzes. Durch seine „wasserbaulichen Tätigkeiten“ (s. u.) und Baugrabungen kann er jedoch durch Überschwemmungen, angestaute Entwässerungsgräben und unterhöhlte, flussnahe Ackerflächen sowie Fraßschäden an landwirtschaftlichen Nutzpflanzen schnell zum Problem werden. Das Hauptverbreitungsgebiet liegt aktuell in Bayern mit geschätzten etwa 22 000 Bibern. Im Freistaat werden schon seit einigen Jahren angesichts hoher Schäden alljährlich einige hundert Biber zum Abschuss freigegeben. Brandenburg ist 2014 diesem Beispiel gefolgt. Weitere Bundesländer werden auf kurz oder lang zwangsläufig nachziehen müssen.

PFOTEN UND SPUR

Die Läufe des Bibers sind kurz. Seine Vorderpfoten sind klein, dienen in erster Linie zum Greifen und tragen im

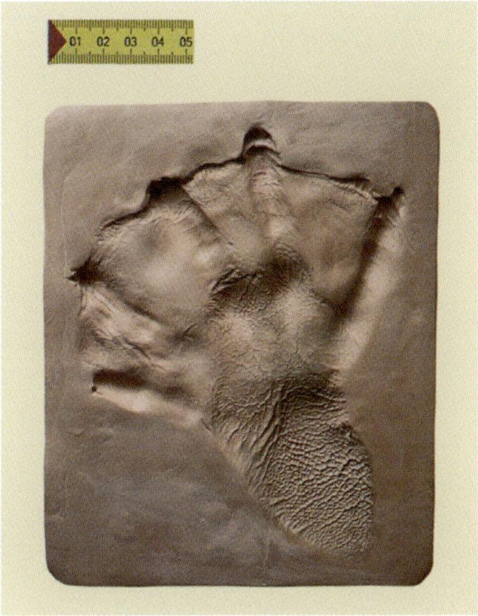

Trittsiegel des Bibers, Hinterpfote

Nicht zu übersehen: Die imposante Biberburg

Gegensatz zu den bis 20 Zentimeter langen Hinterpfoten keine Schwimmhäute. Obwohl Vorder- und Hinterpfoten fünf Zehen haben, findet man in den Trittsiegeln der Vorderpfoten meistens nur vier Zehenabdrücke. Der jeweilige Daumen ist sehr klein und in der Spur nur selten zu sehen. Im Trittsiegel der Vorderpfoten sind die starken Krallen fast immer abgedrückt, in dem der Hinterpfoten nicht oder nur schwach, dafür erkennt man auf weichem Boden aber andeutungsweise die Umrisse der Schwimmhaut. Im Gehen drücken sich die Hinterpfoten etwas hinter und neben den Vorderpfoten ab oder greifen in sie hinein. In der Mitte der Biberspur ist meistens die Schleifspur der bis zu 30 Zentimeter langen und horizontal breit abgeflachten und beschuppten Biberkelle deutlich zu sehen, die mitunter einzelne Trittsiegel verwischen kann.

SONSTIGE ZEICHEN

Weit eher als durch seine Spur wird man auf den Biber durch seine sehr auffällige Nagetätigkeit und die sanduhrförmigen Bruchstellen der von ihm geschnittenen Bäume aufmerksam;

666 Lautäußerungen des Bibers

vor allem aber auch durch seine großen *Wohnburgen* und *Staudämme*. Die Dammanlagen dienen der Regulierung des Wasserstandes: Zum einen werden mit ihrer Hilfe die Eingänge der Biberburgen unter Wasser gehalten, zum anderen sorgen sie dafür, dass der Biber geschnittenes Holz gut flößen kann. Weiterhin gräbt der Biber Baue in Ufern, Dämmen und Deichen.

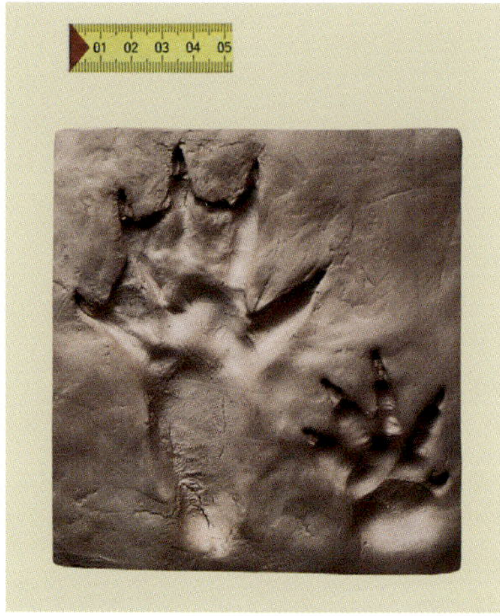

Pfotenabdrücke des Nutria: l. Hinterpfote, r. Vorderpfote

DER NUTRIA

Ursprünglich in den subtropischen und gemäßigten Zonen Südamerikas beheimatet, gelangten in den 20er Jahren des zurückliegenden Jahrhunderts die ersten Nutrias (*Myocastor coypus* L.) aus Zuchten und Farmen zur Pelzgewinnung nach Deutschland. Seither wurden durch entkommene und ausgesetzte Nutria zahlreiche Freilandpopulationen begründet, die bis heute zu einem weiten und noch immer wachsenden Verbreitungsgebiet des Nutria an zahlreichen Gewässersystemen Deutschlands führten. Angesichts der Tatsache, dass das verfügbare Lebensraumpotenzial längst nicht ausgeschöpft ist, wird der Sumpfbiber auch weiterhin in bisher nicht besiedelte Bereiche vordringen und mittelfristig, ebenso wie der Bisam, eine annähernd flächendeckende Verbreitung in Deutschland erreichen.

Ein prägendes Beispiel ist Niedersachsen, wo die rasant steigenden Populationen des „Sumpfbibers" durch ihre Wühltätigkeiten mittlerweile zu nennenswerten Schäden an Flussufern sowie an Deichen und Dämmen und somit im Hochwasserschutz führen. Hinzu kommen regional hohe Schäden an gewässernahen, landwirtschaftlichen Kulturen. Besonders betroffen sind Mais, Raps und Kartoffeln. Etliche Landkreise Niedersachsens haben vor diesem Hintergrund zur Reduktion der Nutriabesätze bereits Erlegungsprämien ausgelobt.
Der Nutria ist mit einer Länge von 45 bis 65 Zentimetern (Schwanzlänge 30 bis 45 Zentimeter) und Körpergewichten zwischen vier und zehn Kilogramm wesentlich kleiner als der Biber, aber ebenso deutlich größer als der Bisam.

ERKENNUNGSZEICHEN IM REVIER

Vorder- und Hinterpfoten haben wie die des Bibers fünf Zehen, wobei an der Vorderpfote des Nutria auch die Innenzehe im Trittsiegel deutlich abgedrückt wird. Ebenfalls im Gegensatz zum Biber sind an der Hinterpfote nur vier Zehen durch eine Schwimmhaut miteinander verbunden. Die fünfte Zehe steht etwas abgespreizt frei, was auch im Trittsiegel deutlich zu erkennen ist. In der Spur greifen die Hinterpfoten meistens in das Ende des Trittsiegels der Vorderpfoten, sodass ein Bild leicht geschränkter und hintereinander stehender Doppeltritte entsteht. Die Schleifspur des langen, runden Schwanzes zieht sich im Schnee sowie auf schlammigen Böden linienförmig durch die Mitte der Spur.
Die Baueingänge des Nutria liegen gewöhnlich über dem Wasserspiegel. Darüber hinaus bewohnen Nutrias selbstgebaute chilf- oder Röhrichtnester – mitunter bis 50 oder mehr Meter vom Wasser entfernt – und erweiterte Bisambaue.

DER BISAM

Die ursprüngliche Heimat des Bisams (*Ondatra zibethicus* L.) ist Nordamerika. In Europa wurde er im Jahre

667 Lautäußerungen des Bisams

1905 bei Prag erstmalig ausgesetzt. Viele weitere Einbürgerungen zum Zwecke der Pelzgewinnung folgten. Heute ist die „Bisamratte“ längst auch in Deutschland fast flächendeckend und an Gewässern fast aller Kategorien anzutreffen. Eine komplette Tilgung des ob seiner Grabtätigkeit und möglicher wasserwirtschaftlicher und verkehrstechnischer Folgeschäden gefürchteten Nagers durch jagdliche Mittel scheint trotz amtlich bestellter Bisamfänger ausgeschlossen.

PFOTEN UND SPUR

Vorder- und Hinterpfoten tragen jeweils fünf Zehen. Mit Ausnahme der stark reduzierten Innenzehen der Vorderfüße, die sich auch im Trittsiegel nicht abdrücken, verfügen sie über relativ lange (Grab-)Krallen. Die Zehen, besonders die der großen Hinterfüße, sind mit dichten Säumen von Schwimmborsten ausgestattet, die das Trittsiegel vergrößern. An Land wirkt der Bisam schwerfällig und unbehol-

Untrügliche Kennzeichen des Bisam sind seine Burgen in Flachwasserzonen

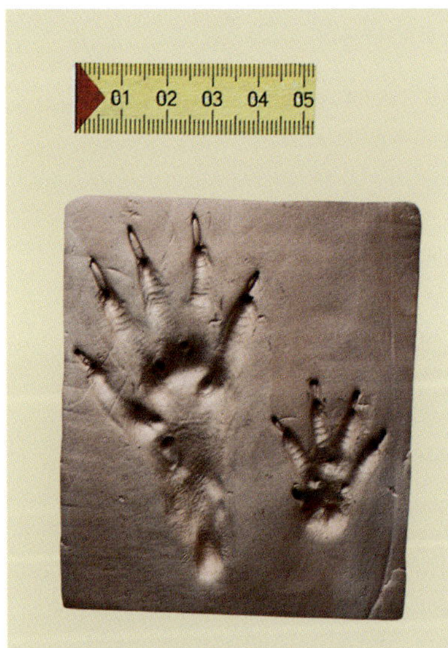

Pfotenabdruck des Bisam

MASSE DER PFOTEN

Pfotenlänge Adulte (L x B)	
Vorderpfoten	3,5 x 2,5–3 cm
Hinterpfoten	7 x 4,5 cm

fen. In der Spur tritt die Hinterpfote etwas hinter oder in den hinteren Teil des Trittsiegels der Vorderpfote. Auf weichem Untergrund ist in der Mitte des Spurbildes die Schleifspur des vertikal abgeflachten, etwa 20 bis 25 Zentimeter langen Ruderschwanzes (Schwert) zu sehen. Häufig findet man große Ansammlungen (Pfade) von Bisamspuren auf weichen Uferbänken.

SONSTIGE ZEICHEN

Im Wasser schwimmende Pflanzenteile mit abgebissenen Enden sind deutliche Hinweise auf die Anwesenheit des Bisam. So genannte Schwimmwechsel in Algen und Schwimmpflanzen können dagegen auch von Wasservögeln stammen. Der Bisam gräbt Erdbaue mit mehreren, meist unterschiedlich hoch liegenden Einfahrten in Uferböschungen und Deichen. Darüber hinaus legt er in Flachwasser- und Uferzonen weithin sichtbare Burgen oder Nester aus aufgeschüttetem Schilf- und anderem Pflanzenmaterial an. Die Eingänge seiner Behausungen liegen mehrheitlich unter dem Wasserspiegel.

DAS EICHHÖRNCHEN

Einst als „Nesträuber“ bejagt und verfolgt, genießt das zu den Nagetieren zählende und mancherorts selten gewordene Eichhörnchen (*Sciurus vulgaris* L.) heute den besonderen Schutz durch das Bundesnaturschutzgesetz. Obwohl es nicht zum Wild (§ 2 BJagdG) zählt und auch sonst keinerlei jagdliche Relevanz hat, soll es hier behandelt werden, da seine Spur in Häusernähe, in Gärten, Parks und Wäldern speziell im Schnee noch immer relativ häufig zu finden ist und

668 Laute des Eichhörnchens

eventuell zu Täuschungen oder Verwechslungen führen kann. Allerdings ist die Spur des in drei Farbvarianten (rot, braun, schwarz) vorkommenden Eichhörnchens – einmal bestimmt und registriert – schon an der Form der Trittstellung praktisch mit keiner anderen Spur heimischer Wildtiere zu verwechseln.

PFOTEN UND SPUR

Die Vorderpfoten des Eichhörnchens verfügen über vier lange Zehen mit Krallen, die meist gespreizt aufgesetzt werden und im Spurbild deutlich zu erkennen sind. Die Hinterpfoten haben fünf Zehen. Auch ihre Zehen und Krallen sind gut im Trittsiegel zu erkennen.

Die normale Gangart des Eichhörnchens ist der Sprung. Dabei werden die kleineren Vorderpfoten direkt und kaum versetzt nebeneinander aufgesetzt. Die größeren Hinterpfoten greifen jeweils nach außen versetzt vor die Trittsiegel der Vorderpfoten. Ihre Spitzen sind normalerweise etwas nach außen gerichtet.

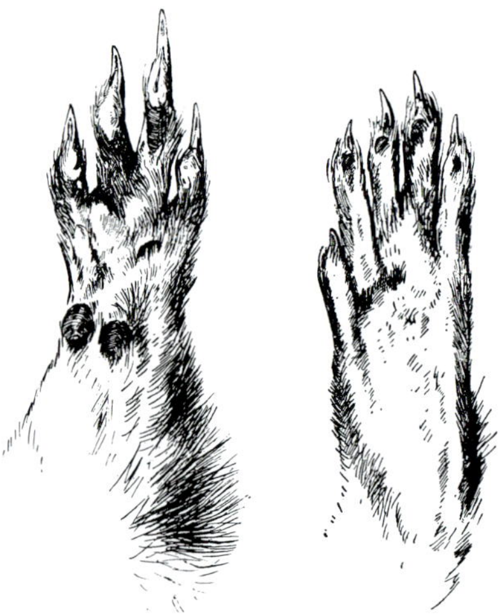

Pfotensohle Vorderlauf (l.) und Hinterlauf des Eichhörnchens

Spurbild des Eichhörnchens

Eichhörnchenkobel in einer Weide

Die Spurbilder, die eventuell mit denen des Eichhörnchens verwechselt werden können, stammen aufgrund ihrer optischen Struktur vom Kaninchen, vom Feldhasen oder vom Iltis. Alle drei Arten zeigen jedoch aufgrund des Aufbaus und der Größe ihrer Pfoten beziehungsweise Branten, Trittsiegel und Spurbilder, die einerseits bedeutend(!) stärker sind und andererseits schon durch die meist weit gespreizten und langen Zehen des Eichhörnchens mit der Spur desselben praktisch nicht zu verwechseln sind.

SONSTIGE ZEICHEN

Die als Schlaf- oder Aufzuchtstätte dienenden Kobel der Eichhörnchen werden oft dicht am Stamm der auserwählten Bäume erstellt und bestehen aus einem Geflecht von Zweigen, Gräsern und anderem Pflanzenmaterial. Die Durchmesser der Kobel betragen etwa 30 bis 40 Zentimeter und sind damit deutlich kleiner als die Horste der Elster.

Die Fraßplätze der Eichhörnchen sind überwiegend durch locker und zahlreich umherliegende (geknackte) Nussschalen und/oder abgenagte Fichten- oder andere Koniferenzapfen gekennzeichnet.

PFOTENMASSE UND SPUR

Pfotenlänge Adulte (L x B)	
Vorderpfoten	2,5–4 x 2 cm
Hinterpfoten	5 x max. 3,5 cm
Sprungweite Adulte	30–90 cm

DIE WANDERRATTE

Ursprünglich in Zentralasien beheimatet, ist die Wanderratte (*Rattus norvegicus* BERKENH.) als Kulturfolger heute fast weltweit in riesigen Populationen verbreitet. Sie zählt zur Familie der Echten Mäuse, ist extrem anpassungsfähig und wird allgemein als „Schädling" an Nahrungs- und Futtervorräten, sowie durch ihre Nageschäden und als Krankheitsüberträger gefürchtet. Der Schaden durch die

Wanderratte in Niederwildrevieren (Gelege!) lässt sich insgesamt schwer quantifizieren, kann lokal jedoch bedeutend sein. Auch in den Kolonien bodenbrütender Seevögel kann die

PFOTENLÄNGE ADULTE

Vorderpfoten	ca. 2 cm
Hinterpfoten	3,5–4 cm

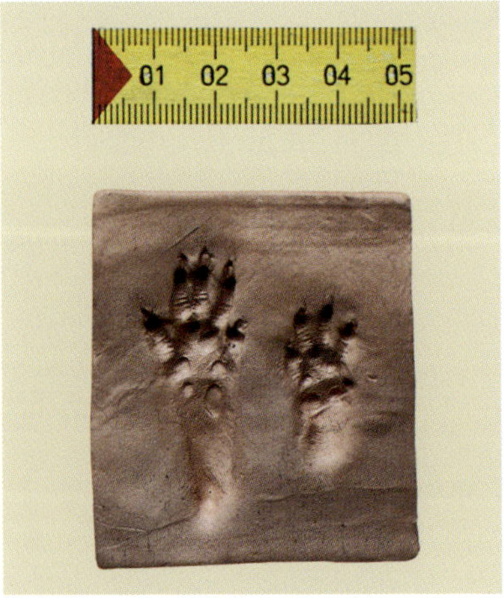

Pfotenabdrücke der Wanderratte: l. Hinterpfote, r. Vorderpfote

Wanderratte verheerende Schäden anrichten. Sie sollte deshalb wann und wo immer möglich vergiftet, gefangen oder anderweitig erlegt werden. Aber Achtung bei der Verwendung von Giften! Für die Anwendung von blutgerinnungshemmenden Rodentiziden ist laut EU-Recht seit 2013 ein Sachkundenachweis erforderlich. Erkundigen Sie sich deshalb im Fachhandel, welche Wirkstoffe und Produkte nach wie vor von Jedermann genutzt werden dürfen.

PFOTEN UND SPUR

Die Hinterfüße der Wanderratte sind mit fünf langen Zehen etwa dreieinhalb bis vier Zentimeter lang. Die Vorderpfoten messen in der Länge nur etwa zwei Zentimeter und besitzen nur vier Zehen.

In der Spur stehen die Trittsiegel der Hinterpfoten seitlich oder direkt hinter denen der Vorderpfoten. Die Spurbilder der relativ leichten Wanderratte sind meist nur in Schnee, Staub, Sand oder auf nassen Böden zu finden. Zumindest in etwas höherem Schnee

KLEINE TIERE IN GROSSER ZAHL

Wie am Anfang dieses Kapitels erwähnt, gehört die Wanderratte zur Familie der Echten Mäuse, die wiederum den sogenannten Kleinsäugern zuzuordnen sind. Der Begriff Kleinsäuger ist kein zoologisches Taxon, sondern fasst die Familien beziehungsweise Unterfamilien der Echten Mäuse (Muridae, sieben Arten), der Springmäuse (Zapodidae, eine Art), der Wühlmäuse (Microtidae, sieben Arten), der Bilche oder Schläfer (Gliridae, vier Arten) sowie die Ordnung der Insektenfresser (Insectivora) zusammen, zu denen unter anderem die Spitzmäuse (Soricidae) mit sieben Arten zählen. Insgesamt fallen also mindestens 26 heimische Spezies darunter, deren Artbestimmung selbst anhand ihres kompletten Körpers zumindest innerhalb der einzelnen Familien auch erfahrenen Waldläufern mitunter schwerfällt, und deren Spuren meistens auch von Spezialisten nicht zu unterscheiden sind. Zu groß sind die Ähnlichkeiten, zu klein die Unterschiede, die ihre meist winzigen Trittsiegel kennzeichnen. Zudem ist ihr Körpergewicht so gering, dass wir ihre Spur meist nur im Staub oder auf niedrigen Neuschneelagen finden. Steigt die Schneedecke, bewegen sie sich darunter oder halten wie im Falle der Bilche Winterschlaf. Vor diesem Hintergrund wird auf die Besprechung weiterer Kleinsäuger an dieser Stelle verzichtet.

steht in der Spurmitte die Schleifspur des etwa 13 bis 20 Zentimeter langen und runden Schwanzes.

SONSTIGE ZEICHEN

Die im Durchmesser etwa fünf Zentimeter großen Baueinfahrten der Wanderratte finden sich im Niederwildrevier häufig unter oder in der Nähe von Fasanenschütten oder anderen Fütterungen sowie in Gewässernähe. Die Nester der Wanderratte finden sich weiterhin zum Beispiel in Ställen, unter Holzhaufen, auf Dach- oder in Zwischenböden sowie in Vorrats- oder Futterkammern. Ihr zylinderförmiger Kot sieht ihrer zoologischen Verwandtschaft entsprechend aus wie große „Mäuseköttel" (s. S. 154). Sie wird normalerweise gehäuft auf bestimmten Latrinenplätzen abgesetzt, ist aber auch vereinzelt zu finden. Die ursprünglich heimische Hausratte (*Rattus rattus* L.) wurde durch die konkurrenzstärkere Wanderratte fast flächendeckend verdrängt und gilt in Deutschland vielerorts als ausgestorben, verschollen oder vom Aussterben bedroht.

HÜHNERVÖGEL

FELDHÜHNER

DAS REBHUHN

Gemeinsam mit dem Feldhasen und dem Fasan zählt das Rebhuhn (*Perdix perdix* L.) zu den traditionell bejagten und gewissermaßen „klassischen" Niederwildarten der Feldreviere Deutschlands und Mitteleuropas. Die Verbreitungsgeschichte des Rebhuhns ist mit jener des Feldhasen vergleichbar. Erst der nach den umfassenden Waldrodungen (land-) wirtschaftende Mensch ebnete dem Rebhuhn als ursprünglichem Steppenvogel den Weg zu einer weiten Verbreitung und zu aus heutiger Sicht schier unglaublich hohen Populations- und Brutpaardichten.

BESATZENTWICKLUNG

Die ehedem reich strukturierten und kleinparzellierten Feldfluren boten dem „Feldhuhn" optimale Lebensräume und Äsung. Der seit etwa 40 Jahren zu beobachtende, örtlich dramatische Rückgang, eingeleitet durch den Katastrophenwinter 1978/79, ist nur teilweise auch auf ungünstige Witterungsverhältnisse in den Brut- und Aufzuchtzeiten zurückführen. Die Hauptursachen sind die zunehmende Industrialisierung der Landwirtschaft, Pflanzenschutzmittel, weitere einschneidende Veränderungen in den offenen Kultursteppen (Lebensraumschwund) sowie nach wie vor steigende und deutlich überhöhte Raubwildpopulationen. Während noch in den 60er Jahren des 20. Jahrhunderts Brutpaardichten von 50 bis 80 oder mehr pro

669 Revierruf des Rebhahns

100 Hektar registriert wurden, lebt das Rebhuhn heute nur noch gebietsweise in Minimalbesätzen oder Restvorkommen, die bereits nach einem extrem harten Winter ein regionales Aussterben befürchten lassen. Andere Regionen sind schon jetzt bedauerlicherweise rebhuhnfrei. Für den dereinst in höchstem Maße von der Landwirtschaft profitierenden Hühnervogel ist die „Kulturschraube" (vielleicht) irreversibel überdreht.

TRITTE UND GELÄUF

Die meist geschnürten oder selten leicht geschränkten Geläufe des Rebhuhns sind ganz überwiegend nur im Schnee oder auf feuchten beziehungsweise nassen Feldwegen und Feldern zu finden. Die Trittsiegel entsprechen den Abdrücken eines typischen „Hühnerfußes". Das einzelne Trittsiegel ist viereinhalb bis fünf Zentimeter lang und etwa vier Zentimeter breit.
Es besteht aus einer sehr kleinen, fast runden Sohle sowie dem lang und direkt nach vorn zeigendem dritten Zeh (Mittelzehe) und den etwas kürzeren, zur Längsachse der Mittelzehe um etwa 50 Grad abgewinkelten zweiten

Fußsohle des Rebhuhns

Abdruck eines Einzeltritts des Rebhuhns

Das Rebhuhn-Geläuf

und vierten Zehen. Der erste, weitestgehend zurückgebildete Zehenstrahl sitzt am hinteren Ende der Fußsohle und zeigt der Mittelzehe entgegengesetzt leicht abgewinkelt nach hinten rechts oder links. Von ihm drückt sich im Geläuf nur die Kralle ab. Sämtliche Zehen des Rebhuhns sind, wie beim Fasan und der Wachtel, unbefiedert. In tieferem, nicht verharschtem Schnee pflügen die relativ kurzläufigen Hühner mit ihrem gedrungenen Körper deutlich sichtbare Furchen in die Schneedecke.

GESTÜBER

Die zwei bis drei Zentimeter lange Losung beziehungsweise das Gestüber des Rebhuhns ist vielgestaltig. Äsungsabhängig ist es grünbraun, grau, braun oder schwarz und zeigt an einem Ende den typischen weißen Überzug mit Harnsäure. Das einzelne Gestüber ist meist walzen- oder keulenförmig, in sich gedreht und leicht gekrümmt mit stumpfen Enden (s. S. 155).
Besonders auffällig ist vor allem die klumpige, so genannte Brutlosung der allein brütenden Henne, die ausschließlich in der näheren Umgebung des Brutplatzes zu finden ist. Die Brutgestüber sind bis viereinhalb Zentimeter lang und etwa zwei Zentimeter breit. Als weitere Losungsform kommt, wie bei allen Hühnervögeln, die schwärzliche und breiige Blinddarmlosung hinzu.

HUDERPFANNEN

Abgesehen von Direktbeobachtungen, seinen Geläufen und den unterschiedlichen Gestüberformen gibt uns das Rebhuhn unter anderem noch durch seine Sandbadestellen oder Huderplätze Hinweise auf seine Präsenz. Diese sandigen Huderpfannen werden zur Gefiederpflege aufgesucht und sind

Huderpfanne (Sandbadestelle) des Rebhuhns

unabdingbare Bestandteile im Lebensraum der Rebhühner. Wer diese Stellen kennt, kann dort am einfachsten auch Mauserfedern der Rebhühner sammeln.

LAUTÄUSSERUNGEN

Die bekannteste Lautäußerung des Rebhuhns ist der unverwechselbare, langgezogene und schnarrende Revierruf „kjirräck", mit dem die Hähne zur Balz- und Paarungszeit regelmäßig in den Morgen- und Abendstunden ihr Territorium markieren und gegen benachbarte Brutpaare abgrenzen. Das Verhören im Frühjahr eignet sich am besten zur Brutpaarkartierung. Durch den kürzeren Kontakt- und Sammelruf „kirick" rufen die Altvögel die Mitglieder der aufgescheuchten und eventuell verstreut eingefallenen Kette schon nach kurzer Zeit wieder zusammen. Wie alle Hühnervögel sind auch Rebhühner „gut und schnell zu Fuß" und versuchen bei Störungen und Gefahren zunächst laufend die nächste geeignete Deckung zu erreichen, um sich dort zu drücken.

DER FASAN

Mit dem Rebhuhn und der Wachtel zusammen stellt der Fasan (*Phasianus colchicus* L.), oder besser der Jagdfasan, die in Deutschland heimischen und regelmäßig verbreiteten Arten aus der Gruppe der Feldhühner. Das ursprüngliche Verbreitungsgebiet des Fasans erstreckt sich vom Schwarzen Meer über die Trockenzonen Mittel- und Ostasiens bis Japan. Über das antike Griechenland und die Römer kam der Fasan nach Mitteleuropa und Großbritannien. Schon im 16. Jahrhundert wurde er auch in Deutschland in Fasanerien gezüchtet und in großer Zahl in die freie Wildbahn entlassen. Heute ist der Fasan durch menschliche Einbürgerungen das am weitesten verbreitete Jagdwild der Erde.

BESATZENTWICKLUNG

Die Entwicklung der Fasanenbesätze in Deutschland nahm ihren Höhepunkt um das Jahr 1970 herum. In

dieser Zeit kamen allein in den alten Bundesländern etwa 1,3 Millionen Fasanen jährlich zur Strecke. Wie beim Rebhuhn führte der lange und schneereiche Winter 1978/79 zu drastischen Einbrüchen der Besätze und Strecken. Gemeinsam mit dem Feldhasen und dem Rebhuhn machen dem Fasan seither die veränderte Form der Landbewirtschaftung sowie hohe Raubwilddichten schwer zu schaffen. Nach einem spürbaren Aufwärtstrend bis 2006 mit 445 567 erlegten Fasanen als zwischenzeitlichem Höchstwert zeigen die Besätze und Strecken einen ebenso dramatischen wie rätselhaften Rückgang auf ein Rekordtief von 52 074 Fasanen in 2020/2021. Nachdem das Mais-Beizmittel Clothianidin im Verdacht stand, für den Rückgang verantwortlich zu sein – was sich als haltlos erwies –, forschen Wildbiologen und Tiermediziner intensiv an den Ursachen des „Sinkflugs". Möglicherweise sind Viren und andere Krankheitserreger aus landwirtschaftlichen Geflügelhaltungen beteiligt. Doch bleibt bis zum Abschluss der Projekte alles Spekulation. Die Zahl der jährlich zur Unterstützung oder Neugründung freilebender Besätze ausgesetzten Fasanen ist nicht bekannt.

670 Revierruf des Fasanenhahns

Fußsohle des Fasans

TRITTE UND GELÄUF

Die Füße und das Geläuf des Fasans entsprechen in etwa denen des Rebhuhns. Beide sind aber bedeutend größer. Das gesamte Trittsiegel des Fasans ist je nach Körperstärke und Geschlecht sechs bis acht Zentimeter lang und fünf bis sieben Zentimeter breit. Die Krallen an den Zehen des Fasans sind im Verhältnis zur Fußgröße länger und stärker als jene des Rebhuhns und drücken sich im Geläuf deutlicher ab.

GESTÜBER UND HUDERPFANNEN

Auch die Gestüber- beziehungsweise Losungsformen entsprechen, abgesehen von der Größe, weitgehend denen des Rebhuhns. Die normalen wurst- oder keulenförmigen Gestüber sind etwa drei bis dreieinhalb Zentimeter lang, grünlich bis schwarz, häufig in sich gedreht und zeigen an einem Ende einen weißen Harnsäureüberzug. Wie beim Rebhuhn finden sich im Revier weiterhin die klumpenförmigen, übergroßen Brutgestüber der Fasanenhenne im Umfeld des Neststandortes sowie von Hennen und Hähnen standortunabhängig die breiige, schwärzliche und intensiv riechende (stinkende) Blinddarmlosung.
Auch der Fasan nutzt zur Gefiederpflege Sandbadewannen oder Huderpfannen. Sind die Standorte bekannt, bieten sich diese Stellen als Beobachtungsorte an.

Sichernde Fasanenhenne

LAUTÄUSSERUNGEN

Wie alle heimischen Hühnervögel ist der Fasan tagaktiv. Allein durch seine Größe aber lebt er insgesamt deutlich auffälliger als das mittlerweile sehr seltene Rebhuhn, was zu weitaus häufigeren Direktbeobachtungen im Revier führt. Zur Balzzeit im April bis Juni lassen die Hähne den weithin hörbaren Revierruf „kokock" oder „kököck" hören, dem ein ebenfalls deutlich hörbares Flügelschlagen folgt. Der Revierruf und das anschließende Flügelschlagen erfolgt häufig von regelmäßig genutzten Rufplätzen, meist etwas erhöhten Geländestrukturen, aus. Bei Verlusten des Geleges oder frühen Verlusten des gesamten Gesperres kommt es zu Nach- oder Zweitbruten bis in den August hinein.

In der Balz sind die lauten Revierrufe der Fasanenhähne und ihr auffälliges Verhalten nicht zu überhören und -sehen.

SCHLAFPLÄTZE UND VERGESELLSCHAFTUNG

Anders als Rebhühner und Wachteln baumen Fasanen zum Schlafen meist in der Nähe ihrer bevorzugten Äsungsplätze auf. Ausgesetzte Fasanen zeigen dieses an sich artspezifische Schlafverhalten – mangels vorheriger Gelegenheit in nicht artgemäßen Volieren – mitunter nicht und werden deutlich häufiger von Raubwild gerissen als etablierte Wildfasanen. Beim Aufbaumen melden die Hähne vom Schlafplatz aus mit dem meist dreisilbigen Melderuf „kokokok". Außerhalb der Balz-, Brut- und Aufzuchtzeit leben Fasanen in Trupps, die dann auch mehr oder minder große Schlafgesellschaften bilden. Der beim Aufbaumen abgebene Ruf kann bei abendlichen Ansitzen oder Reviergängen dann als weit hör- und eventuell zählbare Bestätigung genutzt werden.

Die herbst- und winterlichen Vergesellschaftungen sind häufig nach Geschlechtern getrennt. In meinem braunschweigischen Heimatrevier Querum konnte ich in einer Erle acht(!) schlafende oder ruhende Hähne zählen. Ebenso standen dort anlässlich einer Treibjagd im Jahre 1991 aus einer vergleichsweise kleinen, aber deckungsreichen Brachfläche vor den Hunden und Treibern nach und nach insgesamt 24 Fasanenhennen, aber kein einziger Hahn auf.

DIE WACHTEL

Die Wachtel (*Coturnix coturnix* L.) ist mit einer Körperlänge von 17 bis 18 Zentimetern der kleinste heimische Hühnervogel und gleichzeitig der einzige Zugvogel unter ihnen. Als Invasionsvogel war ihre Häufigkeit in Mitteleuropa seit jeher starken Schwankungen unterworfen. Das Vordringen der sehr heimlichen Wachtel zur Zugzeit nach Norden beziehungsweise Nordosten ist vermutlich an Klimaschwankungen gekoppelt. Seit etwa Mitte der 1990er-Jahre scheinen die Brutbesätze in Deutschland leicht anzusteigen. Gebietsweise unterschiedlich werden zur Balzzeit mittlerweile mehr rufende Wachtel- als Rebhähne registriert. Doch bleiben konkrete Aussagen zur Besatzentwicklung durch fehlende Forschungsergebnisse zum

Zugverhalten nach wie vor spekulativ. Zwar zählt die Wachtel nach wie vor zum „Wild“ (§ 2 Bundesjagdgesetz), doch wurde die Jagdzeit bereits in den 1930er-Jahren aufgehoben.

TRITTE, GELÄUF UND GESTÜBER

Das Geläuf der Wachtel zeigt Trittsiegel mit einer Länge von zwei bis zweieinhalb Zentimetern und entspricht einem typischen „Hühner-Geläuf“ (vgl. Rebhuhn und Fasan). Auch die Gestüber und viele andere Wildzeichen (zum Beispiel Huderplätze) sind identisch mit jenen des Rebhuhns, nur kleiner. Wegen ihrer geringen Größe, der relativen Seltenheit und der sehr versteckten Lebensweise findet man die Hinterlassenschaften des kleinen Hühnervogels nur äußerst selten.
Wie das Rebhuhn, aber anders als der Fasan, baumen Wachteln zum Schlafen nicht auf.

RUFE UND ANDERE ZEICHEN

Äußerlich sind Wachtelhahn und Wachtelhenne nur schwer voneinander zu unterscheiden. Die sicherste Bestätigung der gut starengroßen, sandfarbenen Vögel liefert zweifelsohne der unverkennbare Revierruf „pickwerick, pickwerick, pickwerick...“ der Hähne zur Balzzeit, der als Wachtelschlag bezeichnet wird.

671 Revierruf des Wachtelhahns („Wachtelschlag“)

In ihren hiesigen Brutgebieten treffen die Wachteln im Frühjahr, Ende April/Anfang Mai, ein – die Hähne offenbar zuerst – und beginnen gleich nach der Ankunft mit der Balz. Die Eiablage erfolgt ab Mitte bis Ende Mai. Der Weg- und Durchzug zu den Winterquartieren findet während der Nacht ab dem Spätsommer, in der Zeit von Ende August bis November, statt.
Direktbeobachtungen der Wachtel sind ausgesprochen selten und meist überraschende Zufallsbegegnungen. Die rufenden Hähne verschweigen bei Gefahr schlagartig und suchen „zu Fuß“ dichteste Deckung auf, drücken sich dort oder laufen weiter. Eigene Versuche, rufende Wachtelhähne kurz nach Balzbeginn in verschiedenen Revieren anzugehen und (ohne Hund) hochzumachen, scheiterten ausnahmslos.

RAUFUSSHÜHNER

DAS AUERWILD

Das zu den Raufuß- oder Waldhühnern zählende Auerwild (*Tetrao urogallus* L.) ist der größte Hühnervogel Eurasiens. In Deutschland kam das Auerwild bis Anfang des 20. Jahrhunderts noch in vielen Gebirgen und großen, geschlossenen Wäldern der Ebenen vor. Heute sind die Bestände des empfindlichen Kulturflüchters – bedingt unter anderem durch intensive Forstwirtschaft (Maximierung des Holzertrags) – bis auf ein Minimum geschrumpft. Lediglich in den Alpen sowie im Schwarzwald leben noch halbwegs gesicherte Bestände. Die Gesamtzahl des Auerwildes in Deutschland wird aktuell auf etwa 750 bis 1 000 Brutpaare geschätzt.

672 1. Balzstrophe des Auerhahns, 2. Auerhenne

TRITTE UND FÄHRTE

Das geschnürte Geläuf oder die Fährte des Auerwildes zeigt zunächst den typischen „Dreizack“ aller Hühnervögel. Die eigentliche Sohle ist relativ klein und rund, allerdings größer als bei den Feldhühnern und Fasanen. Die lange dritte Zehe (Mittelzehe) zeigt direkt nach vorn, die zweite und vierte Zehe setzen im Winkel von etwa 80 Grad dahinter an, die erste Zehe zeigt (verkümmert) leicht abgewinkelt nach hinten. Sie ist aber im Verhältnis größer als beim Fasan und Rebhuhn und drückt sich auch in der Fährte meist deutlich ab. Die im Schnee oder auf weichem Boden sichtbaren Hornstifte oder -plättchen, beidseitig längs der Zehen, fehlen in der Zeit von etwa Mitte Mai bis Mitte September. Durch die Größe der Trittsiegel sind die Geläufe des Auerwildes allerdings kaum mit jenen anderer Hühnervögel zu verwechseln.

Die Auerhenne ist wie bei allen bodenbrütenden Arten eher unscheinbar gefärbt und so gut getarnt.

Das Trittsiegel des Auerhahns mit den Abdrücken der Hornstifte (Herbst, Winter)

SONSTIGE ZEICHEN

Die Losungsformen oder Gestüber entsprechen denen der zuvor behandelten Hühnervögel, sind aber entsprechend größer und an Ruhestellen oft gehäuft zu finden. Die Blinddarmlosung, fälschlicherweise als „Balzpech“ bezeichnet, wird über das ganze Jahr hinweg abgegeben. Die Abbisse – meist die oberen Enden von Koniferenzweigen mit einigen glatt abgeschnittenen Nadeln – findet man unter den Äsungsbäumen.

DAS BIRKWILD

Das Birkhuhn (Lyrurus *tetrix* L.) ist nach dem Auerwild die zweitgrößte heimische Art aus der Gruppe der Raufußhühner. Das ursprünglich auch in weiten Teilen Mitteleuropas zahlreich vorkommende Birkwild ist heute in Deutschland – mit Ausnahme des Alpenbogens – vom Aussterben bedroht. Die Entwässerung der Moore und die folgende Abtorfung, die Auf-

673 Balzlaute der Birkhähne

forstung von Heideflächen, andere Kultivierungsmaßnahmen sowie steigende Raubwildbesätze und die fortschreitende Ausbreitung des Schwarzwildes führten dazu, dass das Birkwild in den verbliebenen Restvorkommen des Flachlandes nun schon seit mehreren Jahrzehnten ums Überleben kämpft. Die letzten mehr oder minder stabilen Vorkommen leben heute auf den großen Truppenübungsplätzen in der Lüneburger Heide sowie auf den nahe gelegenen Flächen des Vereins Naturschutzpark (VNP) Lüneburger Heide. Dort kann man im Frühjahr

von Mitte April bis Mai in den frühen Morgenstunden auch heute noch das auffällige „Kollern“, „Gurgeln“ oder „Blasen“ der rivalisierenden Spielhähne in den Balzarenen hören.

TRITTE UND GELÄUF

Das in seiner Form typische „Hühner-Geläuf“ entspricht dem des Auerwildes, ist mit einer Länge von sechs bis sieben Zentimetern aber deutlich schwächer. Die Hinterzehe ist weniger stark ausgeprägt als beim Auerhuhn. Im Schnee und auf weichem Boden fallen die Hornstifte längs der Zehen auf, die im Sommer fehlen. Die Gestüber- oder Losungsformen entsprechen – in kleinerem Maßstab – denen des Auerwildes und der anderen in diesem Buch behandelten Hühnervögel (s. o.).

SONSTIGE ZEICHEN

Birkwild gräbt sich zum Schutz vor Kälte bei hohen Schneelagen Schneehöhlen, in denen meist gehäuft Gestüber zu finden sind. In den Sandbadewannen oder Huderplätzen (Gefiederpflege) findet man wie bei allen Hühnervögeln am ehesten die Mauserfedern des „Kleinen Hahns“ beziehungsweise der noch deutlich kleineren Birkhenne. Der Geschlechtsdimorphismus hinsichtlich der Körpergröße ist beim Birk- und Auerwild von sämtlichen heimischen Federwildarten (mit Ausnahme des Habichtes und Sperbers) am stärksten ausgeprägt.

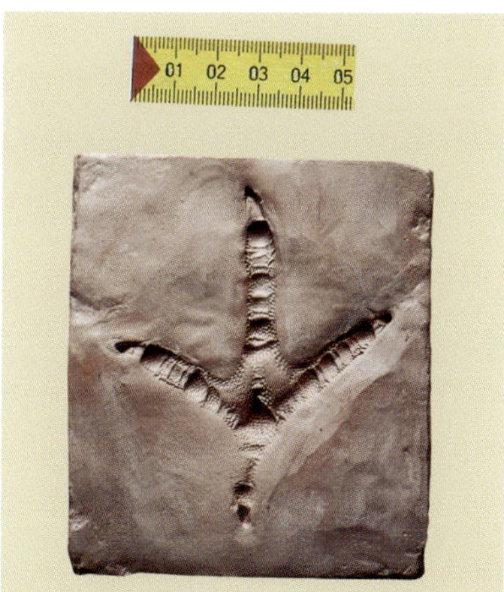

Der Fußabdruck des Birkhahns

Die Birkhenne ist nur etwa halb so groß wie die Auerhenne.

WASSERVÖGEL UND WALD-SCHNEPFE

ENTENVÖGEL, HAUBEN-TAUCHER, WALDSCHNEPFE

DIE STOCKENTE

Die Stockente (*Anas platyrhynchos* L.) ist zweifelsohne die am weitesten verbreitete und mit großem Abstand häufigste Wildente unserer Breiten und soll an dieser Stelle stellvertretend für zahlreiche andere Entenarten besprochen werden. Flächendeckende absolute Zahlen über die hiesigen Brutpopulationen liegen nicht vor, doch geben die langjährigen Streckenergebnisse eindeutige Hinweise auf das große Verbreitungsgebiet und die absolute Häufigkeit der Stockente. Hierbei ist allerdings zu berücksichtigen, dass spätestens ab Oktober auch große Zahlen nord- und nordosteuropäischer Stockenten die hiesigen Gewässer bevölkern und in der Streckenstatistik registriert werden.

Das Geläuf der Stockente zeigt den Abdruck des typischen schmalzehigen Entenfußes. Die zweite, die lange dritte und vierte Zehe sind durch Schwimmhäute miteinander verbunden. Die Hinterzehe hat keinen Schwimmlappen. Bei der gegebenen Artenvielfalt ist eine exakte Artansprache anhand des Geläufes fast unmöglich. Die Unterscheidung zwischen Tauch- und Schwimmenten hingegen ist einfach: Bei den Schwimmenten ist der mittlere Zeh der längste. Bei den Tauchenten ist die Außenzehe ebenso lang, evtl. sogar länger ausgeprägt.

674 Rufe der Stockente: 1. Erpel, 2. Ente

Der Latschenabdruck der Stockente

Stockentenbrut in einem Tiefzwiesel

Durch den Schwimmlappen an der verkürzten Hinterzehe hinterlässt diese im Geläuf einen breiteren Abdruck als jene der Schwimmenten. Allerdings bewegen sich Tauchenten nur in sehr seltenen Ausnahmefällen an Land. Fehlen Sichtbeobachtungen und andere Hinweise, geben meist Federn auf der Wasseroberfläche von Stillgewässern eindeutige Hinweise auf die spätabendliche und nächtliche Anwesenheit von Enten.

DIE GRAUGANS

Die Graugans (*Anser anser* L.) ist die Stammform unserer Hausgänse und überdies die einzige Gänseart, die regelmäßig in fast allen Bundesländern als Brutvogel in meist steigenden Besätzen vorkommt. Letzteres ist vor allem erfolgreichen Wiedereinbürgerungsversuchen zu verdanken. Zur Wildschadensvermeidung und -eindämmung wird die Graugans gebietsweise schon seit vielen Jahren wieder gezielt bejagt. Die Vorkommen der anderen Feldgänse (Bless- und Saatgans) beschränken sich – abgesehen von der Zug-, Rast- und Überwinterungsphase – auf vereinzelte und nicht nennenswerte Brutvorkommen. Dagegen nimmt die Zahl der Kanadagänse, der größten heimischen Meeresgans,

675 Rufe der Graugans

ständig zu und die Zahl der Brutpaare übersteigt gebietsweise jene der Graugans. Gleiches gilt für die meist baumbrütende Nilgans, die in der zoologischen Systematik aber nicht zu den Gänsen, sondern mit der Brandgans zu den Halbenten oder Halbgänsen zählt. Im Gegensatz zu Schwänen, Enten und Sägern äsen Gänse fast ausnahmslos an Land. Als Anpassung an diese Form der Nahrungsaufnahme (Weidegänger) sind ihre Ständer und Latschen (Füße) relativ kräftiger als jene der anderen Entenvögel. Ihr Gang wirkt gewandter und weniger watschelnd. In ihren Trittsiegeln – die ansonsten aussehen wie die einer „großen

Der Latschenabdruck der Graugans

Schwimmente“ – fallen vor allem die kräftigen, breiteren Zehen auf. Das Trittsiegel der Graugans ist etwa neun bis zehn Zentimeter lang und fast genauso breit. Die Hinterzehe ist kurz (ohne Schwimmlappen) und drückt

sich nur als kleine Grube ab. Durch das mit zweieinhalb bis vier Kilogramm relativ hohe Gewicht der Graugans findet man ihre Trittsiegel inklusive der Schwimmhäute auch auf trockeneren Schlammböden, Uferbänken oder auf landwirtschaftlichen Nutzflächen. Insgesamt ist die Lebensweise der Gänse jedoch so auffallend, dass es einer Bestätigung durch das Geläuf oder andere Wildzeichen im Normalfall nicht bedarf.

DER HÖCKER-SCHWAN

Der Höckerschwan (*Cygnus olor* L.) ist die einzige in Mitteleuropa regelmäßig brütende Schwanenart. Im Winterhalbjahr können sich regional und meist in geringer Zahl aus Nord- und Nordosteuropa zuwandernde Sing- und Zwergschwäne hinzugesellen, die sich aber durch ihre Schnabelform und -farbe deutlich vom Höckerschwan unterscheiden.

Allein durch seine Größe ist das Geläuf des Höckerschwanes mit keinem anderen zu verwechseln. Das einzelne Trittsiegel ist insgesamt etwa 18 bis 20 Zentimeter lang. Die Mittel- und Außenzehe adulter Schwäne misst etwa 16 Zentimeter, die kurze Hinterzehe (ohne Schwimmlappen) immerhin noch zwei bis zweieinhalb Zenti-

676 Rufe des Höckerschwans

meter. Anhand des Geläufs wird – wie bei anderen Entenvögeln – auch der watschelnde Gang der Schwäne deutlich: Die Trittsiegel weisen deutlich sichtbar nach innen. Die Schrittlänge des Höckerschwans beträgt etwa 28 bis 35 Zentimeter.

Die auffallend großen Nester der monogam lebenden Höckerschwäne bestehen aus halbmeter- oder noch höheren „Haufen" aus Reisern, Schilf und anderem Pflanzenmaterial, auf deren Kuppe sich die Nistgrube befindet.

Ohne natürliche Feinde und vielerorts ganzjährig futterzahm, haben die Bestände des Höckerschwans in Deutschland in den zurückliegenden Jahrzehnten ständig zugenommen. Abgesehen von den zahlreichen Parkvögeln besiedelt der Höckerschwan zusehends häufiger und in steigenden Zahlen auch etliche Fließgewässer unseres Landes.

DER HAUBENTAUCHER

Der Haubentaucher (*Podiceps cristatus* L.) ist der größte Vertreter der vier in

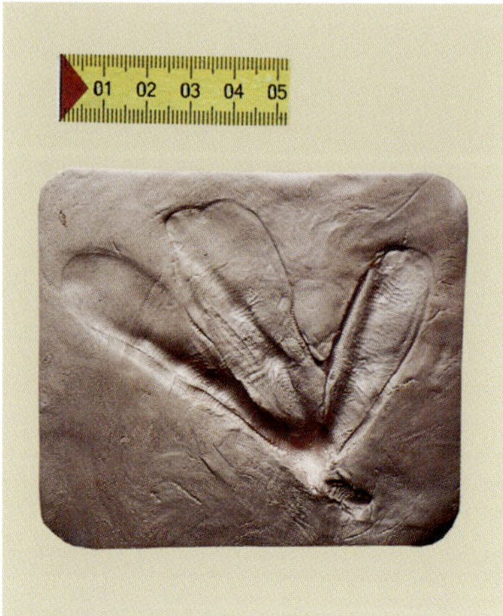

Der Latschenabdruck des Haubentauchers

Deutschland regelmäßig brütenden Arten aus der Ordnung der Lappentaucher. Hinzukommen der Rothals-, Schwarzhals- und der Zwergtaucher. Die Brutvorkommen des Rothals- und Schwarzhalstauchers sind selten und relativ weit zerstreut. Lediglich der Haubentaucher zählt in Deutschland nach wie vor zum Wild (§ 2 Bundesjagdgesetz), genießt berechtigterweise und seit geraumer Zeit allerdings eine ganzjährige Schonzeit.

ERKENNUNGSZEICHEN IM REVIER

Die Zehen der Lappentaucher – auch die kleine Hinterzehe – sind mit einheitlichen, nicht untergliederten und

677 Rufe des Haubentauchers

nicht eingekerbten Schwimmlappen ummantelt (vgl. Blessralle!, S. 147 f.). Die Außenzehe ist länger als die Mittelzehe. Die Schwimmlappen der Latschen tragen am Rand eine weitgehend einheitliche Reihe kleiner Schuppen. Die Krallen sind kurz und stumpf. Die Kralle der Mittelzehe ist außerdem an der Vorderkante gezähnt.

Durch die extreme Anpassung sämtlicher Lappentaucher an das Leben auf beziehungsweise im Wasser findet man ihre Geläufe, sieben bis acht Zentimeter lang und breit, nur in seltenen Ausnahmefällen in den schlammigen Uferzonen der Brut- und Nahrungsgewässer. Die Losung oder Gestüber des Haubentauchers sind ebenso selten zu finden und wie die der meisten Wasservögel nicht charakteristisch.

So gelingt auch die Bestätigung des Haubentauchers fast ausnahmslos durch Direktbeobachtungen der besonders durch ihr Prachtkleid und das artspezifische, tanzähnliche Balzritual sehr auffälligen Altvögel.

Die Jungvögel sämtlicher Lappentaucherarten sind zunächst auffallend längsgestreift und nutzen die Altvögel zum Transport auf dem Wasser gelegentlich als Floß.

DIE WALDSCHNEPFE

Die etwa taubengroße Waldschnepfe (*Scolopax rusticola* L.) zählt zu den Watvögeln (Limikolen). Als letzter Vertreter dieser formen- und artenreichen zoologischen Unterordnung unterliegt sie heute noch dem Jagdrecht. Der „Vogel mit dem langen Gesicht" lebt sehr heimlich und offenbart sich als Direktbeobachtung meist nur zur Balz, auf der Jagd hochgemacht oder zur Nacht im Licht des Autoscheinwerfers auf feuchten Waldwegen. Die vergleichsweise geringe Streckenzahl (4 197 im Jagdjahr 2020/21) sagt aufgrund der sehr geringen Bejagungsintensität wenig bis gar nichts über die tatsächliche Zahl der in Deutschland brütenden, durchziehenden oder rastenden Waldschnepfen, die mit hoher Wahrscheinlichkeit deutlich größer als gemeinhin angenommen sein dürfte. Die Zahl der in Deutschland überwinternden, sogenannten „Lagerschnepfen" steigt.

ERKENNUNGSZEICHEN IM REVIER

Das Geläuf der Waldschnepfe findet man vor allem auf weichen Waldwegen, schlammigen Stellen im Wald, in oder an Feldgehölzen oder anderen geeigneten Deckungsstrukturen. Das einzelne Trittsiegel ist dem der Hühnervögel sehr ähnlich, insgesamt (mit Hinterzehe) etwa fünf Zentimeter lang und ebenso breit. Die Zehen erschei-

Sofern nicht ganzjährig geschont, darf die Waldschnepfe nur noch im Herbst und Winter bejagt werden.

nen sehr schmal, die Mittelzehe ist länger als die Außenzehen. Zwischen den leicht geschränkt hintereinander stehenden Fußabdrücken findet man

Der Fußabdruck der Waldschnepfe

zusätzlich häufig die „Stechstellen", die die Spur fast unverwechselbar machen. Die Waldschnepfe sticht alle paar Schritte mit ihrem langen Schnabel (Stecher) im weichen Boden nach Nahrung – Regenwürmer, Insekten und deren Larven – und hinterlässt dabei im eigentlichen Geläuf punktförmige Löcher in Schnabelstärke. Die bekanntesten Lautäußerungen sind das tiefe, dumpfe „Quorren" und das hohe „Puitzen" der zur Balz im Frühjahr allabendlich streichenden Hähne. Obwohl die Waldschnepfe keinen sichtbaren Geschlechtsdimorphismus zeigt, lebt sie polygam.

678 „Quorren" und „Puitzen" des Schnepfenhahns

MÖWEN

DIE SILBERMÖWE

Die Silbermöwe (*Larus argentatus* L.) ist die häufigste Möwenart der deutschen Küsten, tritt regelmäßig aber auch im Binnenland auf. Als ursprünglicher Küsten- und Meeresvogel, aber klassischer Kulturfolger ist sie mittlerweile auch an Müllkippen und Rieselfeldern in großer Zahl zu beobachten. Bekannt ist, dass die Silbermöwe und andere Großmöwen sich gelegentlich als Nesträuber betätigen und auch Jungwild erbeuten können. Ob sie allerdings, wie von manchen befürchtet, einen nachhaltig negativen Einfluss auf Niederwildbesätze (Hase, Fasan, Kaninchen etc.) nehmen können, erscheint angesichts der Tatsache, dass einige Nordseeinseln zu den besten Niederwildgebieten Deutschlands zählen, zumindest zweifelhaft. Einige dieser Inseln beherbergen die größten Brutkolonien der Silbermöwe.

679 Rufe der Silbermöwe

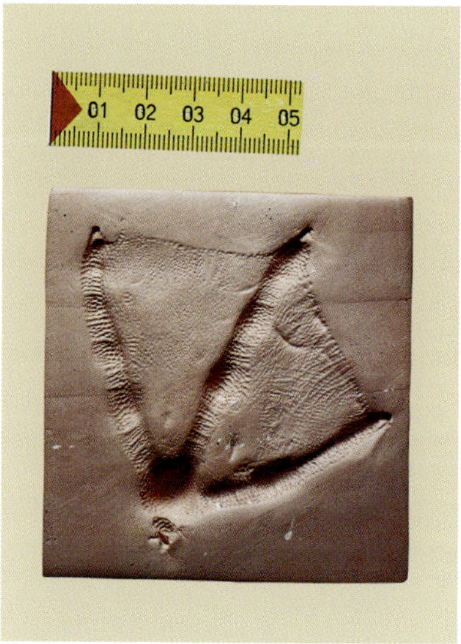

Der Latschenabdruck der Silbermöwe

ERKENNUNGSZEICHEN IM REVIER

Das Trittsiegel der Silbermöwe ähnelt in Form und Stärke etwa dem der Stockente. Sämtliche Möwen sind aber in Relation zu ihrer Körpergröße kleinfüßig. Die Mittelzehe der Silbermöwe ist mit etwa vier Zentimetern länger als die leicht bogenförmig gekrümmten zweiten und vierten Zehen. Die rudimentäre Hinterzehe der Möwen ist noch kleiner als bei den Schwimmenten, was auch im Trittsiegel deutlich wird. Wie jene der Enten sind die Trittsiegel der Möwen etwa so breit wie lang.

Als zusätzliche Wildzeichen gelten die üblicherweise mit Fischgräten oder -schuppen durchsetzten Gewölle der Möwen sowie die Mauserfedern.

DIE LACHMÖWE

Die Lachmöwe (*Larus ridibundus* L.) ist die am weitesten verbreitete und wohl bekannteste Möwenart Europas.

Von dem dunkelbraunen Kopf des Prachtkleids bleibt im Schlichtkleid der Lachmöwe nur ein brauner Fleck an den Kopfseiten.

Vor allem im 20. Jahrhundert stiegen die Besätze der Lachmöwe in Europa bemerkenswert an. An der deutschen Nord- und Ostseeküste ist sie eigentlich nur mit der kleineren Zwergmöwe zu verwechseln, die aber im Flug ihre dunklen Flügelunterseiten zeigt. Von der im Prachtkleid adulter Tiere schokoladenfarbenen Kopfkappe bleibt im Schlichtkleid lediglich ein kleiner dunkler Ohrfleck übrig. Als einzige heimische Möwenart brütet die Lachmöwe in größeren Kolonien hier und dort auch im Binnenland. Häufig zu beobachten ist, dass weniger wehrhafte Arten, wie zum Beispiel Lappentaucher oder Seeschwalben – dort wo möglich –, bevorzugt im Schutz von Lachmöwenkolonien brüten und von der gemeinschaftlichen und effizienten Feindabwehr der Möwen profitieren.

680 Rufe der Lachmöwe

ERKENNUNGSZEICHEN IM REVIER

Das Trittsiegel der Lachmöwe entspricht weitgehend dem der Silbermöwe, ist mit etwa drei bis dreieinhalb Zentimetern Länge aber etwas kleiner. Auch bei der Lachmöwe erscheinen die zweite und vierte Zehe – mit der Mittelzehe durch Schwimmhäute verbunden – etwas bogenförmig nach innen gekrümmt.

Die Gewölle der Lachmöwe enthalten je nach Nahrungswahl Pflanzenteile, Insekten- oder Fischreste. Aufgrund ihrer auffallenden Lebensweise bedarf es wie bei allen anderen Möwenarten aber eigentlich keiner anderen Bestätigung als der Direktbeobachtung.

SONSTIGE VÖGEL

TAUBEN UND RABENVÖGEL

DIE RINGELTAUBE

Die Ringeltaube (*Columba palumbus* L.) ist mit weitem Abstand die häufigste der vier heimischen Wildtaubenarten. Als extrem anpassungsfähiger Kulturfolger besiedelt sie längst auch Dörfer und Großstädte in hoher Zahl. Dennoch fielen die Jahresstrecken von 678 330 Tauben im Jagdjahr 2011/12 rapide auf nur noch 303 021 Stück in 2020/21 – allein im seit jeher streckenreichsten Bundesland Nordrhein-Westfalen sanken sie um fast 270 000 Tauben. Als Ursachen für diese Entwicklung werden neben nur durchschnittlicher Bejagungsintensität starke Trockenphasen und Extremwetterbedingungen vermutet.

ERKENNUNGSZEICHEN IM REVIER

Das Trittsiegel der Ringeltaube ist etwa sechs Zentimeter lang und vier bis fünf Zentimeter breit. Alle vier Zehen und Krallen werden auf weichem Boden deutlich abgedrückt. Die Hinterzehe ist gut halb so lang wie die Mittelzehe. Die etwa gleich langen Außen- und Innenzehen sind von der Längsachse des Trittes ausgehend, deutlich nach vorn gerichtet.
Die Losung besteht zumeist aus kleinen grünen, grauen oder schwarzen und gedrehten Walzen mit einem weißen Harnsäureüberzug. Die Tauber machen besonders durch ihren charakteristischen Revierruf zur Balz-, Brut-

681 Revierruf des Ringeltaubers

Das Geläuf der Ringeltaube

und Aufzuchtzeit auf sich aufmerksam: „Gruhruhgruruh, gruhruhgruruh... – ru." Der Ruf variiert individuell und in der Häufigkeit. Am Ende ist aber stets ein kurzer scheinbar „abgehackter" Ton zu hören. Weiterhin auffallende Lautäußerungen sind der laute Schwingenschlag des balzenden Taubers und abstreichender Tauben.

Mauserfedern und Rupfungen der Ringeltaube findet man oft. Sie zählt zur Hauptbeute des Habichts und – wo er vorkommt – des Wanderfalken.

Von den übrigen drei heimischen Taubenarten genießen die kleinste, die dunkelbraune Turteltaube (*Streptopelia turtur* L.), und die unscheinbare graublaue Hohltaube (*Columba oenas* L.) eine ganzjährige Schonzeit. Die hellbeige Türkentaube (*Streptopelia decaocto* FRIVALDSKY) hat nur in Berlin und Hamburg keine Jagdzeit. Tritte und Geläufe dieser Arten entsprechen im Aussehen jenen der Ringeltaube, sind aber in der Abstufung Hohl-, Türken- und Turteltaube entsprechend kleiner.

DER KOLKRABE

Der größte heimische Rabenvogel blickt in Europa auf eine wechselvolle Geschichte zurück. Aus dem einst heiligen Vogel und „Götterboten" der Germanen wurde der schonungslos verfolgte „Unglücksrabe" oder „Galgenvogel". Durch die rigorose Bejagung und Vergiftung war der Kolkrabe (*Corvus corax* L.) in Deutschland und Mitteleuropa bis auf wenige kleine Restpopulationen, zum Beispiel in den Alpen, ausgestorben. Etwa zur Mitte des 20. Jahrhunderts setzte eine (Wieder-)Ausbreitungswelle des Kolkraben ein, die bis heute ungebrochen und mit deutlich steigender Tendenz anhält.

Der Fußabdruck des Kolkraben

682 Rufe des Kolkraben

TRITTE UND GELÄUFE

Das Trittsiegel des Kolkraben – zehn bis elf Zentimeter lang – erinnert im Aussehen etwas an das einer riesigen Taube. Allerdings ist die Hinterzehe verhältnismäßig stärker und in etwa so lang wie die Mittelzehe. Der einzelne Abdruck des Kolkraben erinnert an ein Kreuz, bei dem die X-Achse in einem Winkel von etwa 75 bis 80 Grad nach vorn gefaltet wurde. Weiterhin charakteristisch sind die abgedrückten Sohlenschwielen, die die einzelnen Zehen deutlich gegliedert erscheinen lassen.

Wie alle Rabenvögel bewegt sich der Kolkrabe auf dem Boden gehend oder seitlich hüpfend fort. Letztere Gangart führt zu sehr eigentümlichen Geläufen und Trittfolgen, die nur von Rabenvögeln hinterlassen werden.

RUFE UND FLUGBILD

Die Rufe des Kolkraben sind vielgestaltig. Am häufigsten ist ein tiefes „korr" oder das etwas metallisch klingende „klong, klong" zu hören. Andere Laute, die man zunächst nicht dem Kolkraben zuordnen würde, werden

besonders zur Balzzeit abgegeben. Da der Kolkrabe sehr häufig auch im Flug seine markanten Rufe hören lässt, ist er meist schon von weitem daran zu erkennen.

Das Flugbild des auch gut und ausdauernd segelnden Kolkraben ist allein aufgrund des keilförmigen Stoßes unter sämtlichen Rabenvögeln einzigartig. Der mächtige Schnabel und die relativ langen Schwingen lassen den Kolkraben wie ein fliegendes Kreuz erscheinen, die harten Schwungfedern erzeugen ein deutlich hörbares Fluggeräusch. Bei ihren Balzflügen zeigen die Raben mitunter eine artistische Rolle, bei der sie sich um die Körperlängsachse auf den Rücken drehen. Diese bezeichnende Verhaltensweise wird aber auch außerhalb der Balz gelegentlich gezeigt, zum Beispiel bei Angriffen hassender Greifvögel. Auf den Kolkraben hassen aber auch die anderen Rabenvogelarten – er steht, wie es der nobelpreisgekrönte Verhaltensforscher Konrad Lorenz einmal ausdrückte, außerhalb des „Schutz- und Trutzbündnisses“ der Rabenvögel.

DIE AASKRÄHE

Die Aaskrähe (*Corvus corone* L.) kommt in Deutschland in zwei geografischen Rassen vor. Der vorwiegend in Westdeutschland verbreiteten schwarzen Rabenkrähe (*Corvus c. corone*) und der mehr ostdeutschen Nebelkrähe (*Corvus c. cornix*), bei der Rücken, Brust und Unterschwanzdecken grau gefärbt sind. Die Trennlinie verläuft etwa längs der Elbe. Besonders in

683 Rufe der Aaskrähe

Schleswig-Holstein, Niedersachsen, Mecklenburg-Vorpommern und Brandenburg sind die fruchtbaren Bastarde beider Rassen in den unterschiedlichsten Gefiedervarianten anzutreffen.

ERKENNUNGSZEICHEN IM REVIER

Die Sohle, das Trittsiegel und das Geläuf der Aaskrähe entsprechen dem des Kolkraben, sind aber deutlich kleiner. Wie beim Kolkraben drücken sich die relativ langen Krallen im Trittsie-

Der Fußabdruck der Aaskrähe

EINZELTRITTMASSE RABENVÖGEL

Kolkrabe (L x B)	10–11 x ca. 5,7 cm
Aaskrähe (L x B)	7–8 x ca. 4 cm
Elster (L x B)	5,5–6 x 3 cm

Das Geläuf der Aaskrähe

gel deutlich ab, und die Sohlenschwielen unterteilen die Abdrücke der einzelnen Zehen scheinbar in mehrere, unregelmäßig miteinander verbundene Glieder.

Die Gewölle der Aaskrähen sind bis etwa vier Zentimeter lang und etwa zwei Zentimeter breit. Sie enthalten dem Ernährungstyp der Aaskrähe entsprechend (Allesfresser) die unterschiedlichsten unverdaulichen Fraßreste.

Durch die jahrelange Vollschonung der Art in Deutschland im Zusammenhang mit der nationalen Umsetzung der EU-Vogelschutzrichtlinie waren die Bestände zwischenzeitlich drastisch angewachsen und werden vor dem Hintergrund steigender Schäden in der Landwirtschaft sowie in Niederwild- und Bodenbrüterbeständen in fast allen Bundesländern wieder bejagt. Die derzeitige Bejagungsintensität gibt allerdings wenig Hoffnung, die Populationen der Aaskrähe nachhaltig zu reduzieren.

DIE ELSTER

Nach langjähriger Vollschonung in den 1990er-Jahren hat sich die Elster (*Pica pica* L.) in Deutschland zum Kulturfolger entwickelt. Ihre Bestände nahmen folgerichtig rasch zu. Brutvorkommen der Elster in jedweder Form menschlicher Siedlungen, Hausgärten ohne erfolgreich brütende Freibrüter, Schäden in der Landwirtschaft sowie Gelegeverluste beim Federwild und anderen Bodenbrütern sind die offensichtlichen und negativen Folgen, die in vielen Bundesländern zur berechtigten Wiederaufnahme der Elster in die Liste der jagdbaren Arten führte.

ERKENNUNGSZEICHEN IM REVIER

Die Geläufe und Trittsiegel der Elster sind typisch für Rabenvögel und entsprechen denen der Aaskrähe, sind aber deutlich schwächer (vgl. Aaskrähe und Kolkrabe).
Auffällig sind die kugeligen, aus relativ groben Reisern gebauten und überdachten Horste der Elster. Sie zeigen ein seitliches Einschlupfloch, die Nistmulden sind mit Lehm ausgekleidet. Unverwechselbar ist der schackernde Ruf, der wie das Schütteln einer halbvollen Streichholzschachtel klingt.
Die Bejagung der Elster ist besonders an den Schlafbäumen der herbst- und winterlichen Schlafgemeinschaften erfolgversprechend. Die Schlafbäume erkundet man am besten durch Direktbeobachtung. Etwas versteckte Schlafbäume entdeckt man wie jene der Ringeltaube meist durch flächendeckende Losungsfunde und Mauserfedern unter den Bäumen.
Ursprünglich ist die Elster ein Bewohner der halboffenen, strukturreichen Landschaft mit mehr oder minder großen Gehölzen und Hecken. Mit der regional großräumigen Vernichtung dieses Landschaftstyps orientierten sich auch die Brutvorkommen immer mehr in Richtung der Dörfer und Städte. Elstern gelten als weitgehend standorttreu und verlassen ihre Brutgebiete auch im Winter kaum mehr als etwa 25 bis 30 Kilometer. Die oben erwähnten großen winterlichen Schlafgemeinschaften geben dementsprechend einen guten Anhaltspunkt über die ungefähre Höhe der jeweiligen Elsternbesätze. Als Schlafplätze werden relativ niedrige Weiden- und Pappelgehölze in der Feldmark oder in unmittelbarer Siedlungsnähe bevorzugt.
Mit einsetzender Dämmerung beginnt der truppweise Anflug der Schlafplätze und bietet gute Voraussetzungen zum Anstand direkt unter den meist unterholz- und deckungsreichen Schlafbäumen.

684 Rufe der Elster

Der Anstand unter den meist unterholz- und deckungsreichen Schlafbäumen der Elster verspricht lohnende Strecken.

REIHER, RALLEN, KRANICH

DER GRAUREIHER

Der kolonie- und baumbrütende Graureiher (*Ardea cinerea* L.) ist die in Europa und Deutschland häufigste und verbreitetste Art aus der Ordnung der Schreitvögel. Da er sich überwiegend von Fisch ernährt, geriet er frühzeitig in Kollision mit menschlichen Nutzungsinteressen. Dieser Konflikt hat bis heute Bestand und hielt den Graureiher letztlich auf der Liste der jagdbaren Tierarten. Aktuell darf er einzelweise mit behördlichen Sondergenehmigungen erlegt werden, was die zurzeit hohen und stabilen Besätze des Graureihers aber nicht beeinträchtigen dürfte.

685 Laute und Rufe des Graureihers

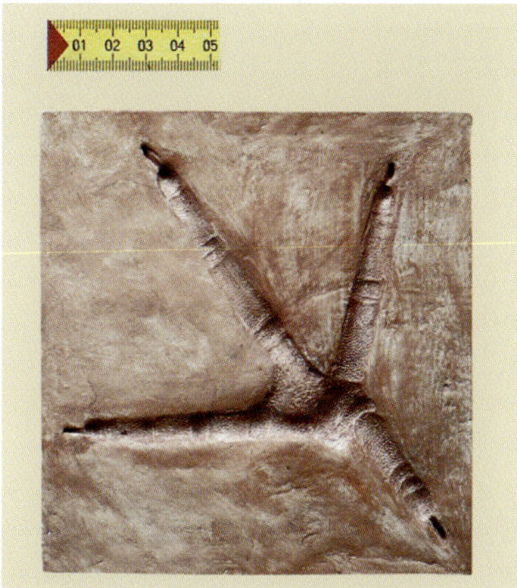

Der Fußabdruck des Graureihers

Blessralle

ERKENNUNGSZEICHEN IM REVIER

Das auffallend große, 14 bis 17 Zentimeter lange und elf bis zwölf Zentimeter breite Trittsiegel des Graureihers kann aufgrund seiner Größe nur mit jenen des Weiß- und Schwarzstorches oder des Kranichs verwechselt werden. Bei allen drei genannten Arten aber ist die Hinterzehe nur als kleine Vertiefung im Trittsiegel zu erkennen, während sich die Hinterzehe des Graureihers, als Anpassung an die Fortbewegung in schlammigen Uferzonen, etwa fünf bis sechs Zentimeter lang und deutlich abdrückt.
Sein laut krächzender, kurzer Ruf verrät den Graureiher auch im nächtlichen Flug. Im Gegensatz zu den oft wenig charakteristischen Gewöllen geben die auffallenden Mauserfedern sichere Hinweise auf die vielleicht frühmorgendliche Anwesenheit des Graureihers. Sind seine Nahrungsgewässer in kalten Wintern ohne geschlossene Schneedecke zugefroren, weicht der Graureiher zum Mäusefang auf die Felder aus oder verstreicht.

DIE BLESSRALLE

Die Blessralle (*Fulica atra* L.) oder „das Blesshuhn" ist die mit Abstand häufigste und am weitesten verbreitete Art aus der Familie der Rallen. In Deutschland dürfte es schwerfallen, ein größeres Stillgewässer oder einen Fluss – von der offenen Landschaft bis ins Zentrum der Großstädte – zu finden, auf dem sie nicht in mehr oder minder großer Zahl als Brutvogel, Nahrungs- oder Wintergast vorkommt. In ihrer Anpassungsfähigkeit an die verschiedensten Gewässerformen und relativen Anspruchslosigkeit übertrifft sie gemeinsam mit der Stockente sämtliche anderen heimischen Wasservögel.

ERKENNUNGSZEICHEN IM REVIER

Charakteristisch für die Rallen sind ihre – mit Ausnahme der Hinterzehe – langen Zehen. Als einzige heimische Ralle verfügt die Blessralle über eingekerbte Schwimmlappen an den Zehen (vgl. Lappentaucher!), ein Hinweis darauf, dass das Vorkommen der Blessralle als ausgesprochenem Tauch- und Schwimmvogel unabdingbar an offene Wasserflächen gekoppelt ist. Dennoch sind ihre Trittsiegel und Geläufe relativ häufig auch in Uferzonen, auf Dämmen und Deichen sowie auf Wegen in Gewässernähe zu finden. Die lange Mittelzehe der Blessralle kann allein neun bis neuneinhalb Zentimeter lang sein. Die Hinterzehe – im Trittsiegel meist deutlich abgedrückt – erreicht Längen von zweieinhalb bis drei Zentimetern. Ohne die Schwimmlappen sähe das Trittsiegel etwa wie das eines vergleichbar großen Hühnervogels mit sehr

686 Kontaktrufe der Blessralle

schmalen Zehen aus. Kommt es mitunter zu sogenannten *Schachtelbruten*, legt die Blessralle bereits wieder Eier, bevor die Erstbrut flügge ist. Diese wird dann vom Männchen weiter geführt und aufgezogen. Die Zahl echter Zweitbruten dürfte aber geringer sein, als oft angenommen wird. Häufiger handelt es sich wohl um Nachgelege nach dem Verlust der ersten Brut beziehungsweise des ersten Geleges.

Der Fußabdruck des Blesshuhns – charakteristisch sind die eingekerbten Schwimmlappen

DIE TEICHRALLE

Auch wenn die Teichralle (*Gallinula chloropus* L.), auch Grünfüßiges Teichhuhn oder nur kurz Teichhuhn genannt – in seiner Verbreitung und Häufigkeit sicher nicht mit der omnipräsenten Blessralle vergleichbar ist, kommt die zweitgrößte heimische Rallenart trotzdem häufiger vor als gemeinhin angenommen. Ihre zumindest in der freien Landschaft deutlich verstecktere und unauffälligere Lebensweise macht es aber schwer, sie in Schilf- und Röhrichtgürteln oder anderen deckungsreichen Wasserpflanzenbeständen zu beobachten. Obwohl gut schwimmfähig, ist das Teichhuhn sehr viel seltener auf offenen Wasserflächen zu sehen als die Blessralle. Im Gegensatz zur Blessralle zählt das Teichhuhn nicht zum Wild (§ 2, BJagdG), sondern zu den besonders geschützten Tierarten.

ERKENNUNGSZEICHEN IM REVIER

Die Mittelzehe des Teichhuhns ist im Trittsiegel rund fünfeinhalb Zentimeter lang, die kleine Hinterzehe zwei bis zweieinhalb Zentimeter. Grundsätzlich erinnert das Trittsiegel – auch in der Größe – an das des Fasans, doch wirken die Zehen insgesamt gerader und schlanker. Die Außenzehe des

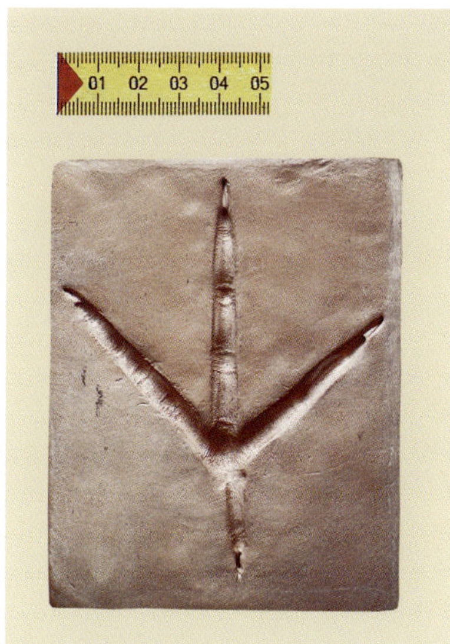

Der Fußabdruck des Grünfüßigen Teichhuhns/der Teichralle

Teichhuhns ist darüber hinaus länger. Selbst wenn auch der Fasan relativ häufig in Wassernähe anzutreffen ist, sind vor dem Hintergrund der doch weitgehend verschiedenen Lebensräume beider Arten Verwechslungen fast ausgeschlossen.

DER KRANICH

Der Kranich (*Grus* L.) ist durch seine durchschnittliche Körperhöhe der größte, allerdings längst nicht der schwerste Vogel Europas. Fälschlicherweise oft als Schreitvogel (Reiher, Störche) angesehen, bildet der Kranich mit den Familien der Rallen und Trappen die Ordnung der Kranichartigen (Gruiformes). Seit dem Ende des 19. Jahrhunderts setzte durch Biotopvernichtung, vor allem durch die Trockenlegung zahlreicher Feuchtgebiete, ein drastischer Rückgang der Kranichbestände ein. Durch Biotop-

Der Fußabdruck des Kranichs

schutzmaßnahmen, aber auch durch eine offensichtliche Anpassung des Kranichs an die veränderten Bedingungen in mitteleuropäischer Kulturlandschaft ist aktuell erfreulicherweise ein deutlicher und steter Aufwärtstrend bei den hiesigen Brutvorkommen erkennbar.

ERKENNUNGSZEICHEN IM REVIER

Das Geläuf und Trittsiegel des Kranichs, neun bis elf Zentimeter lang und breit, entspricht dem des Graureihers, doch sind die Zehen des Kranichs einerseits wesentlich kräftiger, andererseits drückt sich die rudimentäre Hinterzehe nur auf sehr weichen Böden oder im Schnee ab. Zu verwechseln sind die Fußspuren daher am ehesten mit jenen der Störche. Kranichgeläufe sind am häufigsten auf vegetationslosen Partien in Feuchtgebieten oder zur Zug- und Rastphase auf landwirtschaftlichen Nutzflächen zu finden. Seine unverkennbaren, lauten und weithin hörbaren Rufe „kruuuuhruuuuh…" gaben ihm seinen wissenschaftlichen Namen und tun seine Anwesenheit in der Luft oder auf dem Land meist vor dem ersten direkten Blickkontakt kund.

687 Rufe des Kranichs

WEITERE WILDTIERZEICHEN

LOSUNG UND SPEIBALLEN

01

02

03

04

01 Beeren- bis eichelförmige Rotwildlosung. Hirsch und Tier kann man daran nicht unterscheiden!

02 Die feste und beerenförmige Losung des Rehwildes.

03 Je nach Äsung – vor allem im Frühjahr – kann die Losung des Schalenwilds (hier Rehwild) auch kohärent oder gar breiig sein.

04 Die klumpige Schwarzwildlosung ist meist recht uneinheitlich geformt.

05

06

07

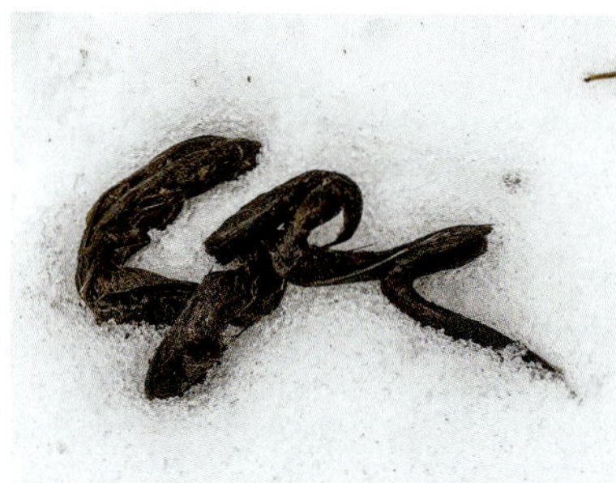

08

09

10

11

12

13

05 Ca. 15 mm große, oft strohig wirkenden Losungspillen des Feldhasen.

06 Fuchslosung ist meist walzenförmig und an einem Ende gedreht und spitz ausgezogen.

07 Die Losung des Dachses enthält oft Chitinreste verzehrter Insekten.

08 Marderlosung ist in der Regel einseitig spitz ausgezogen.

09 Die wurstförmige Losung des Iltis

10 Der gehäuft abgegebene Kot der Wanderratte ähnelt übergroßen „Mäusekötteln".

11 Die Gestüber der Hühnervögel (hier Rebhuhn) unterscheiden sich nur durch die Größe. Typisch ist der weiße Harnsäureüberzug an einem Ende.

12 Das Gewölle eines Mäusebussards. Nur bei typischer Ausprägung sind die 'Gewölle von Greifvögeln und Eulen zu unterscheiden.

13 Wegen des geringeren Salzsäuregehalts im Magen enthalten Eulengewölle (hier Waldohreule) meist mehr unverdaute Knochen als Greifvogelgewölle.

FRASSBILDER

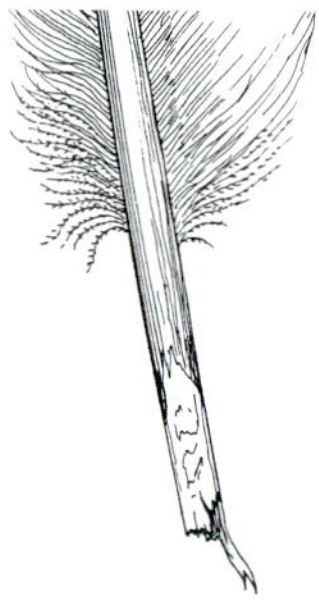

01

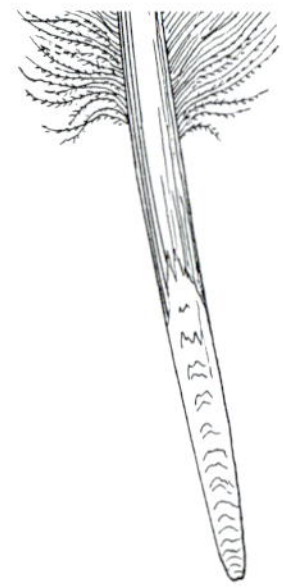

02

03

04

05

06

07

08

01 Sind die Federkiele abgebissen, wurde der Vogel gerissen

02 Sind die Federkiele gerupft und abgeschert, handelt es sich um eine Greifvogelrupfung.

03 In der Nahaufnahme: abgebissene Hühnerfedern an einem Fuchsriss

04 Gerupfte Federn einer vom Uhu geschlagenen Waldohreule

05 Wildschaden: Diese ausgeprägte umfassende Sommerschäle wurde durch Rotwild verursacht.

06 Über viele Jahre haben Rehe diese Rotbuche verbissen und zum „Bonsai" geformt.

07 „Stechen" Dachse im Boden nach Nahrung, entstehen trichterförmige Löcher.

08 Vom Marder am Ende rund aufgebissenes Hühnerei

BILDNACHWEIS

Mit 152 Fotos von Frank Hecker (20): S. 56, 61, 75, 85, 90, 93, 96, 98, 100, 109, 120, 123 o., 125 r., 136 r., 144, 146, 150 o., 154 M. r., 154 u. l., 154 u. r.; Horst Jegen (4): S.28, 38, 39, 41; Joachim Jenrich (30): S. 50, 53 u., 58, 62, 65, 69, 74, 78, 82 r., 87, 90 r., 92, 97, 103 l., 104 o., 106 r., 110 u., 114 r., 123 u., 125 l., 128 o., 129 o., 132, 136 l., 141 r., 143, 147 l., 148, 149 u., 150; Alfred Limbrunner (28): S. 31, 32 l., 76, 80 l., 86, 91 beide, 95, 99, 101, 103 r., 106 l., 107, 110 o., 116, 118 u., 124, 128 u., 129 u., 130, 131, 133, 135, 137, 141 l., 142, 147 r., 157 o. r.; Johannes Lang: S. 154 M. l.; Alfred Limbrunner/Frank Hecker : S. 105; Ekkehard Ophoven (10): S. 29, 44, 45, 47 r., 66, 117., 127, 138, 156 u. r., 157 o.; Reinhard-Tierfoto (4): S. 102, 104 u., 113, 149 o.; Jürgen Schiersmann: S. 89; Heinz Schrempp (2): S. 80 r., 154 o. l.; Olaf Simon (2): S.18 r., 156 u. l.; Jaroslav Vogeltanz: S. 139; Karl-Heinz Volkmar (36): S. 8, 9, 12, 18 l., 19, 20, 23 beide, 25, 27, 32 r., 33, 34, 35, 42, 43, 47 l., 48, 49, 52, 53, 57, 60, 63, 64, 68, 71, 72, 94, 112, 119, 122, 126, 134, 145, 152; Archiv (12): S. 114, 118, 153 alle, 154 o. r., 155 alle, 156 M. l., 156 M. r.

Mit 62 Illustrationen von Dr. Franz Müller (10): S. 51, 66, 82, 83, 115, 134, 140, 143, 156 beide;
sowie 52 Archiv-Illustrationen

IMPRESSUM

Umschlaggestaltung von Büro Jorge Schmidt, München. Verwendet wurden ein Foto von Karl-Heinz Volkmar (Buchtitel) sowie 23 Archivzeichnungen (Klappen vorn und hinten, Umschlag-Innenseiten).

Mit 150 Farbfotos, 2 Schwarzweißfotos und 62 Schwarzweißzeichnungen

Unser gesamtes Programm finden Sie unter **kosmos.de**.
Über Neuigkeiten informieren Sie regelmäßig unsere
Newsletter, einfach anmelden unter **kosmos.de/newsletter**

Gedruckt auf chlorfrei gebleichtem Papier

FSC www.fsc.org
MIX
Papier | Fördert gute Waldnutzung
FSC® C023164

ISBN 978-3-440-16524-9
Redaktion: Ekkehard Ophoven
Gestaltungskonzept: Peter Schmidt Group GmbH, Hamburg
Gestaltung und Satz: Text & Bild | Michael Grätzbach, Kernen i.R.
Produktion: Angela List
Druck und Bindung: LONGO AG
Printed in Italy / Imprimé en Italie